KB125924

하루 10분
감정
하브루타

아이가 행복해지는 유대인식 감정코칭

하루 10분 감정 하브루타

초 판 1쇄   2018년 09월 11일

지은이 임보연
펴낸이 류종렬

펴낸곳 미다스북스
총   괄 명상완
편   집 이다경

등록 2001년 3월 21일 제2001-000040호
주소 서울시 마포구 양화로 133 서교타워 711호
전화 02) 322-7802~3
팩스 02) 6007-1845
블로그 http://blog.naver.com/midasbooks
이메일 midasbooks@hanmail.net
유튜브 https://www.youtube.com/channel/UCK3E7P9kvuNGb4dbqMqEfkw
페이스북 https://www.facebook.com/midasbooks425

© 임보연, 미다스북스 2018, *Printed in Korea*.

ISBN 978-89-6637-600-1 13590

값 15,000원

「이 도서의 국립중앙도서관 출판예정도서목록(CIP)은 서지정보유통지원시스템 홈페이지(http://
seoji.nl.go.kr)와 국가자료공동목록시스템(http://www.nl.go.kr/kolisnet)에서 이용하실 수 있습니
다.(CIP제어번호: CIP2018028524)」

※ 파본은 본사나 구입하신 서점에서 교환해드립니다.
※ 이 책에 실린 모든 콘텐츠는 미다스북스가 저작권자와의 계약에 따라 발행한 것이므로 인용하시거나 참고하실
   경우 반드시 본사의 허락을 받으셔야 합니다.

미다스북스는 다음세대에게 필요한 지혜와 교양을 생각합니다.

아이가 행복해지는 유대인식 감정코칭

하루 10분 감정 하브루타

임보연 지음

미다스북스

프롤로그

엄마도 알기 힘든 아이 감정 하브루타 코칭하자!

아이를 키우는 엄마가 가장 행복한 시간은 바로 아이를 돌보는 시간이라고 한다. 하지만 엄마가 가장 불행한 시간도 아이를 돌볼 때이다. 아이와 온종일 함께 보내다 보면 육체적으로 지친다. 하지만 아이가 보여주는 사랑스러운 행동은 엄마의 지친 마음을 다시 일으키는 원동력이 된다. 아이는 엄마의 감정을 하루에도 수십, 수백 번 들었다 놨다 한다. 오늘도 엄마는 아이를 더 행복하고 잘 키우기 위해 온갖 노력을 다한다.

지금은 정보가 넘쳐나는 정보화 시대다. 엄마들의 양육 지식과 노하우는 전문가 수준에 달한다. 양육 관련 도서와 인터넷 자료, 강연이나 강의를 통해 엄마들은 많은 공부를 한다. 그래서 내 아이의 문제점이나 고민에 대해 대부분 알고 있다. 하지만 엄마가 이렇게 노력을 하는데 왜 아이는 여전히 말을 안 듣고 떼쓰고 속상한 행동을 계속할까?

아이의 마음을 아는 것이 우선되어야 한다. 아이의 행동에는 모두 이유가 있기 때문이다. 잘잘못을 가리기보다 아이를 어떻게 하면 잘 성장시킬 수 있을지를 고민해야 한다.

유대인은 전통 공부법 '하브루타'는 나이, 계급, 성별과 관계없이 두 명이 짝을 지어 서로 논쟁을 통해 진리를 찾는 것을 의미한다. 유대교 경전인 탈무드를 공부할 때 사용하는 방법이지만 이스라엘의 모든 교육과정에 적용된다. 이는 토론 놀이라고 봐도 무방하다.

부모나 교사는 아이가 궁금증을 느낄 때 사소한 질문이라도 부담 없이 질문할 수 있는 환경을 조성하고 함께 대화와 토론을 이어간다. 정답을 가르쳐주지 않으며 스스로 답을 찾을 수 있도록 유도한다. 답을 찾는 과정을 통해 지식을 체득하며 해결법을 찾아낼 수 있다는 것이다.

아이는 하브루타를 통해 다양한 시각과 견해를 알게 된다. 두 사람은 하나의 주제에 대해 찬성과 반대 의견을 동시에 경험하게 된다. '두 사람이 모이면 세 가지 의견이 나온다.'는 이스라엘 격언은 이런 문화에서 나왔다. 탈무드 교육전문가인 헤츠키 아리엘리 글로벌엑셀런스 회장은 "토론의 승패는 중요하지 않다."며 "논쟁하고 경청하는 것이 중요한 과정"이라고 강조했다.

세상에서 가장 소중한 내 아이지만 아이의 행동은 엄마의 기대대로 되는 것은 아니다. 아이의 행동을 바로잡기 전에 아이의 생각과 감정을 먼저 읽어야 한다. 바로 아이와 대화 주고받기, 즉 하브루타로 질문하고 대화해야 한다.

게다가 아이가 지금 어떤 '감정'인지, 무엇 때문에 힘들어하는지, 아이의 이야기를 먼저 들어봐야 한다. 그리고 나서 감정을 받아주거나 공감을 하면 된다. 아이가 잘못된 행동을 보이면 단호한 훈계도 때론 필요하다. 하지만 먼저 필요한 건 아이가 왜 이런 감정을 느끼는지 아는 것이다. 아이가 제대로 감정을 공감 받지 못하면 말문을 닫고 잘못된 행동을 멈추지 않기 때문이다.

아이와 함께하는 일상에서 질문과 대화를 나누는 일이 그리 쉽지는 않다. 사실 엄마도 질문하는 방법과 대화하는 방법을 배우지 않아서 모른다. 엄마가 하브루타를 공부하고 아이 감정을 헤아리는 방법을 먼저 배워야 한다. 그 후에 아이가 하브루타 습관을 기를 수 있게 부모가 연습시켜줘야 한다.

지시와 명령의 말투가 아닌 존경과 공감의 마음을 담아 아이와 대화하는 것이 중요하다. 아이들은 보통 이렇게 생각한다. "엄마 말은 다 옳은데 정작 따르기 싫어." 그렇기 때문에 아이의 마음을 보듬어 준 다음, 잘못을 얘기하는 것이 효과적이다.

나는 6세부터 초등학생 제자들을 주로 지도하고 있다. 아이들의 마음을 잘 알지 못했을 때는 수업이 힘들고 아이들이 말을 안 듣는 것 같아 속상했다. '왜 그럴까?' 생각했다. 나는 열심히 지도하려고 노력하는데 아이들이 내 마음을 몰라주는 것 같았다. 하지만 이것은 내가 정반대의 생각을 하고 있다는 의미였다. 정작 내가 아이들의 마음을 잘 몰랐다. 나는 "왜?"라는 질문을 스스로 계속 던지고 아이들과의 문제점을 해결하려고 다양한 방법을 시도했다. 아이 감정을 먼저 헤아리고 비난하거나 훈계하지 않았다.

아이들의 감정을 존중하며 잔소리와 훈계에서 벗어나 아이의 입장에서 따뜻한 언어로 지도하니, 문제행동을 일으키던 아이들의 놀라운 변화도 경험하게 되었다. 어른의 시선을 다시 한번 돌아보고 아이들과 자연스러운 대화와 소통을 해야 한다.

학생들, 학부모님들과의 상담을 통해 평소 부모와 자식 간에 질문과 대화가 많이 이루어지지 않는다는 걸 느꼈다. 아이들의 궁금증을 자극하는 질문, 대화가 없는 생활과 학습이 안타까웠다. 소통의 부재는 아이들과 학부모님들에게 큰 걸림돌로 작용한다는 생각이 들었다. 아이들과의 소통에 관심을 두고 수업에 질문, 대화, 감정을 접목하여 진행하자, 아이들이 스스로 참여하고 즐기는 태도와 자세의 변화를 보았다.

그래서 내가 느끼고 깨달은 점을 아이들과 학부모님들께 도움이 되길 바라며 책을 썼다.

아이들의 올바른 성장에는 가정, 즉 부모의 역할이 큰 영향을 끼친다. 평범한 미술 학원장인 내가 쉬운 글로 써 내려간 책이 조그마한 도움이 되길 바란다. 엄마는 아이가 태어나서 가장 먼저 만나는 첫 스승이다. 모든 엄마가 미래의 주역인 아이들의 올바른 성장을 이끌 수 있기를 기도한다.

2018년 9월 임보연

목차

1장

왜 감정 하브루타 해야 하는가?

4장

엄마 감정 다스리는 8가지 하브루타

5장

온 가족의 행복과 미래를 만들어라

1장

왜 감정 하브루타
해야 하는가?

"세상에서 가장 강한 사람은
자신의 마음을 조절할 수 있는 사람이다."

01 엄마는 왜 아이 감정을 알아야 할까?

엄마는 아이 감정에 영향을 준다

엄마가 일상생활에서 받은 스트레스가 상승해 있을 때 내 아이에게 끼치는 영향은 어떨까? 아이도 고스란히 스트레스를 전달받는다. 그럴 때는 잠시 엄마에게도 혼자만의 시간이 필요하다. 엄마의 스트레스와 감정을 먼저 들여다보고 안정적으로 만들어야 한다. 그래야 비로소 아이의 스트레스와 감정이 보이고 따뜻한 마음으로 양육할 수 있기 때문이다. 엄마는 아이 양육의 중심이다.

감정은 이성을 잃게 하는 경향이 있다. 감정대로 행동하면 모든 것을 송두리째 흔들어 놓는다. 아이를 키우는 엄마는 아이를 돌보는 시간이 가장 행복하다고 한다. 하지만 가장 불행한 시간도 아이를 돌볼 때이다. 아이와 온종일 마주하면서 육체적으로 지친다. 하지만 아이가 보여주는 웃음과 애교스러운 행동은 엄마의 지친 마음을 다시 일으키는 원동력이 된다. 아이는 엄마가 천당과 지옥을 오가게 하는 재주꾼이다. 엄마의 감정을 하루에도 수십 수백 번 들었다 놨다 한다. 오늘도 엄마는 아이를 더 행복하고 잘 키우기 위해 온갖 노력을 다한다.

정보가 넘쳐나기 때문에 엄마들의 양육 지식과 노하우는 전문가 수준에 달한다. 양육 관련 도서와 인터넷 자료, 강연이나 강의를 통해 엄마들은 많은 공부를 한다. 그래서 내 아이의 문제점이나 고민에 대해 대부분 알고 있다. 하지만 엄마가 이렇게 노력을 하는데 왜 아이는 여전히 말을 안 듣고 떼쓰고 속상한 행동을 계속할까?

아이와 함께 전문가를 찾아 상담해본다면 예상하지 못한 답을 듣는다. "아이는 잘못이 없어요. 잘못된 행동을 할 뿐입니다. 아이가 성장하는 과정이니 변화를 원하시면 부모님 먼저 변하셔야 합니다." 참 속상한 말이다. 내가 아이를 위해서 얼마나 많은 것들을 포기하고 희생하며 살았는데 말이다.

아이도 스트레스를 받는다

엄마는 내 아이가 어떤 면에서 뛰어나길 바란다. 그래서 아이를 다른 아이와 비교하는 경우가 있다. 탈무드에는 "우리가 항상 어떤 것이나 어떤 사람과 비교하는 것이 갈등의 가장 큰 원인이다."라는 말이 있다.

나 역시 제자들이 중간이 아닌 그 이상의 실력을 갖추었으면 하는 마음으로 비교했던 적이 있다. 예전에 있었던 일이다. 나는 A반을 맡았는데 수업하면서 나도 모르게 B반 아이들의 그림과 비교하기 시작했다. 내가 지도하는 아이들이 좀 더 멋진 작품을 완성했으면 하는 욕심이 있었다. 아이들이 내 지도로 근사한 작품을 완성하면 분명 성취감이 높아질 것으로 생각했다. 나는 조금 스파르타식으로 수업을 했다. 다행히 내가 지도하는 몇몇 아이들은 수업을 잘 따라와줬다. 하지만 몇몇 아이들은 내가 하는 집중적인 수업 방식을 힘들어했다.

"선생님 힘들어요."
"이렇게 그리려는 게 아닌데…."

여기저기에서 원성의 목소리가 들려왔다. 내가 의도했던 아이들의 만족감을 높여주려는 수업은 완전히 실패했다. 나는 아이들의 마음과 감정을 헤아리지 못한 수업을 진행한 것이다. "이렇게 그리려는 게 아니었는데…."라고 말한 제자는 맘이 상한 눈치였다. 본인이 좋아하는 그림을 이해하지 못하는 선생님이 야속했을 것이다. 그 당시 나는 모르고 수업을 계속 진행했다. 어머니와의 상담을 통해서 아이의 감정을 알게 됐고 아이는 수업을 1회 반으로 줄였다. 내 기준과 내 눈높이에서 아이들을 바라본 것이다. 내가 조금만 아이의 처지에서 생각했다면 아이는 시간을 벌었을 것이다. 미술에 더 큰 흥미를 느껴 실력 상승에도 속도가 붙었을 것이다. 나는 이 경험으로 아이들의 실력을 비교하여 욕심내지 않게 되었다. 중요한 것은 아이 흥미에 맞고, 아이 스스로의 생각이 담긴 작품을 완성하는 것이다.

수현이는 원하는 것만 그리려는 학생이었다. 다양하게 그려보는 것이 중요하다며 잔소리처럼 말을 하면 아이는 흥미와 자신감이 사라질 수 있다. 수업의 주제는 '보테니컬 아트식물정밀화'였다. 하지만 수현이는 애니메이션에 등장하는 미소녀, 미소년 그리기를 좋아한다. 흥미를 끌어내기 위해서는 나의 말 한두 마디가 아주 중요하다.

"풀과 꽃이 아니라 네가 그리고 싶은 것을 주인공으로 해도 좋아. 그 대신 식물을 너무 단순하지 않게 어딘가에는 꼭 그려주기로 약속하자."

수현이는 좋아하는 것을 그릴 수 있고 나는 보테니컬아트에 대해 알려줄 수 있어서 일거양득의 결과를 얻었다. 수현이는 신이 나서 그림에 집중했다. 게다가 나에게 호의적이며 나중에 내가 요구하는 것을 긍정적으로 잘 따라준다. 아이의 견해를 먼저 이해하고 아이 입장에서 공감했기 때문이다. 그리고 건네는 말투는 부드럽고 친절하게 사용하면 더 좋다.

이런 일을 직접 경험해 보니 아이의 눈높이에서 바라봐야 하고 아이 입장이 최우선이 돼야 한다는 것을 알 수 있었다.

아이의 감정을 알아주면 스트레스 없는 아이가 된다

세상에서 가장 소중한 내 아이지만 아이의 행동은 엄마의 기대대로 바뀌는 것은 아니다. 이때는 아이의 행동을 바로잡기 전에 아이의 생각과 감정을 먼저 읽어보아야 한다. 일단 물어보자. 묻는 것이 어려운 건 아니니깐. 아이가 지금 어떤 감정인지 무엇 때문에 그러는 것인지 아이의 이야기를 먼저 들어보아야 한다. 그러고 나서 감정을 받아주거나 공감을 하면 된다. 잘못된 행동을 보이면 단호한 훈계도 필요하다. 하지만 먼저 필요한 건 아이가 왜 이런 감정을 느끼는지 아는 과정이다. 아이가 제대로 감정을 공감 받지 못하면 아이는 말문을 닫아버리고 잘못된 행동은 멈추지 않기 때문이다.

아이들이 성장하는 과정에서 받는 스트레스는 생각보다 많다.

다음은 오은영 박사의 『아이의 스트레스』에서 말하는 '상상 초월 내 아이의 스트레스'에 대한 내용이다.

- **용돈 기입장** – 아이가 용돈을 잘못 사용했을 때, 자꾸 검사하는 것은

아이와의 소통을 막는 길이다.

- **일요일** – 아이에게 일요일은 쉴 수 있는 시간이 아니라 부모가 평일에 못 했던 일들을 처리하는 날이다. 마트에 가거나 각종 경조사에 참석하는 것이 싫은 아이도 있다.
- **방학** – 아이들은 방학을 공부 안 하고 전면 폐업하는 기간으로 생각한다. 그런데 부모는 아이가 온종일 집에 있을 것이 걱정이다. 그래서 학교에 가지 않는 시간만큼 학원에 보낸다.
- **장래희망을 묻는 것** – 미래의 불확실함, 모호함에 대한 불안이 높은 아이들은 본인 자신도 미래가 어떻게 될지 모르겠는데, 어른들이 자꾸 물어보면 스트레스를 받는다.
- **표정에 대한 참견** – 부모는 아이의 표정이 밝지 않으면 별별 생각이 다 든다. 그래서 불안한 마음에 아이에게 자꾸 웃으라고 말한다. "너 꼭 화난 것 같아." 이러다가 아이가 진짜 화가 나버린다.
- **지나치게 긴 설명** – 어린아이에게 구구절절한 긴 설명은 아이가 이해할 수 없다.

이 밖에도 그림책이나 놀이의 순서나 개수, 케이블 TV 만화 실컷 못 보는 것, 심부름 등이 있다.

아이의 감정을 알아준다면 아이는 스트레스를 받지 않는 아이로 성장한다. 다시 말해 스트레스에 강한 아이로 성장한다. 이 말은 스트레스를 받았지만, 꾹 참는다는 의미가 아니다. 스트레스를 그냥 지나가는 바람처럼 생각한다는 것이다. 차가운 바람이면 따뜻한 옷을 입고 외출을 할 것이고 따뜻한 온풍이면 아이는 입고 있던 옷을 벗으면 된다고 느낄 것이다. 이런 조절력이 뛰어난 아이를 만드는 것이 부모의 역할이다. 사실 부모는 아주 열심히 노력하고 있다. 아이의 감정을 조금만 더 헤아리고 스트레스를 줄여 행복하고 건강하게 성장하도록 지속적인 관심과 사랑이 필요하다.

『내 아이를 위한 감정코칭』

저자 : 조벽, 최성애, 존 가트맨

출판 : 한국경제신문사

이 책은 가족치료의 세계적인 권위자 존 가트맨 박사가 30년간 3천 가정을 연구, 조사하여 만들어낸 '감정코칭'에 관한 책이다.

가트맨 박사는 실제로 이 감정 지도법을 통해 놀라운 변화를 경험했다고 한다. 여기 등장하는 수많은 실제 사례들은 머리로는 알고 있지만 어떻게 실천해야 하는지 몰라 망설였던 부모, 교사들에게 감정코칭의 가이드를 제시한다.

'나는 아이를 제대로 사랑하고 있을까?' 되돌아보게 한다.

02 감정 조절이 아이의 성장에 중요한 이유

감정 조절, 빠르면 빠를수록 좋다

아이들이 수업을 마치고 집에 가기 전에 사탕을 한 개씩 가져간다. 아이에게 칭찬 한마디 더 해주기 위한 선물이다. 그래서 아이들은 달콤한 작은 기쁨을 누릴 수 있다. 그리고 평소보다 더 열심히 노력한 제자와는 '가위, 바위, 보' 게임을 한다.

"혁이는 오늘 열심히 했으니깐 선생님과 가위, 바위, 보를 할 수 있는 거야! 이기면 사탕 두 개, 지면 사탕 한 개를 가져갈 수 있어. 자 그럼 가위, 바위, 보!"

내가 이겼다. 6살인 혁이는 아쉬운 눈치다. 한 번 더 하자는 것이다. 그래서 다시 게임을 했다. 그런데 또 내가 이겼다. 혁이는 입술이 삐죽거리고 표정이 곧 울 것 같았다.

'어떻게든지 혁이가 이기게 하는 방법을 찾아야 하는데!'

마지막으로 한 판을 더 했다. 나는 혁이가 내 손을 보길 바라며 미리 보자기를 펼치며 천천히 손을 내밀었다. 그것을 못 봤는지 내가 또 이겼다. 혁이는 결국 울음을 터트렸다. 열심히 한 제자에게 달콤한 상을 주려다가 오히려 감정만 상하게 한 것 같아 미안했다. 그래서 나는 혁이의 속상한 마음을 달래주면서 이렇게 말했다.

"게임을 해서 이기는 게 기쁜 일이지만 오늘처럼 질 때도 있는 거야. 그런데 오늘 혁이가 열심히 해서 선생님이랑 세 번이나 가위, 바위, 보를 할 수 있었던 거야. 사탕은 두 개를 가져가도 좋아. 다음번에는 져도 씩씩한 모습 보여주자! 알았지?"
"네!"

혁이는 대답했다. 또래 아이 중에는 위에서 언급한 것처럼 말을 해주어도 끝까지 의기소침하거나 화를 내고 우기는 아이들이 있다.

아이들의 감정 조절 능력은 이렇듯 수업 시간이나 게임을 할 때 다양하게 나타난다. 아이의 입장에서 공감하며 말을 해도 선생님이 밉다며 토라지는 아이를 달래기란 쉽지 않다. 아니면 약속을 안 지키고 원하는 만큼 사탕을 집어가버리는 아이도 있다. 아이들이 보여주는 이러한 표현은 지극히 자연스럽게 자신의 감정을 표현한 경우라고 본다. 그러나 그 이후에도 지속해서 약속을 지키지 않거나 욱하는 행동을 보이는 것은 감정 조절을 제대로 하지 못한 경우다. 그래서 올바르게 감정 조절하는 방법을 알려주어야 한다.

EBS 다큐프라임 〈퍼펙트 베이비〉에는 무척 흥미로운 내용이 나온다. "부모의 밝은 표정은 아기 스스로 부모에게 기쁨을 주는 존재라 느끼게 합니다. 하지만 엄마가 아무 말없이 표정이 굳어진다면 어떻게 될까요? 이 시기의 영아들은 그런 스트레스 상황 또는 자기가 이해할 수 없는 어떤 당황스러운 상황에서 주로 보이는 감정 조절 전략들이 있는데요. 대표적으로는 회피 반응이 있습니다. 눈을 돌린다거나 이도 저도 안 됐을 때는 자기 기분을 스스로 조절하려는 전략을 씁니다. 이 시기 아기들의 대표적인 감정 조절 전략입니다."

감정을 표현하는 것은 지극히 자연스러운 행동이다. 아기가 스트레스를 받았을 때 그것을 표출하고 그 이후에 엄마의 적절한 도움을 받아야 비로소 감정이 안정된다. 아기가 우는 것은 '나 지금 힘들어요.' 하며 도움 받기 위해 양육자에게 보내는 메시지다. 엄마가 그것을 잘 읽고 아기가 필요한 어떤 행동을 해줘야 한다. 달래주거나 아기를 불편하게 하는 것을 치워줘야 한다. 이런 경험을 한 아기는 '내가 필요한 것을 엄마를 통해 얻을 수 있구나' 하는 마음의 상태가 축적되는 것이다.

태어난 이후부터 아기의 감정은 살아 움직인다는 결과를 알 수 있다. 감정은 아기가 성장하면서 점점 세분되면서 발달 과정에 맞추어 함께 성장한다. 이런 중요한 감정을 소홀히 하면서 아이의 올바른 성장을 기대하는 것은 욕심이다.

연세대 심리학과 송현주 교수는 이렇게 말한다.

"만 2세가 지나면서 아이들이 이제 자기가 해낼 수 있는 일들이 많아지게 됩니다. 독립심이 생기고 자기 스스로 뭔가를 해보고 싶은 욕구가 굉장히 강해지는 것이죠. 그것이 좌절됐을 때는, 그 좌절감을 해결할 수 있는 효과적인 방법을 아직 가지고 있지 못합니다. 그래서 그런 좌절을 분노로 표출하게 되고 이제 떼를 쓰고, 울고, 화를 내게 되는 것이죠. 떼쓰기는 많은 부모를 힘들게 하지만 동시에 아이의 감정이 자라나고 있다는 증거이기도 합니다."

떼를 쓰거나 아이가 평소 보이지 않던 나쁜 행동과 감정을 표출하는 것으로 아이를 판단하면 안 된다. 이런 행동은 지극히 자연스러운 성장 과정이기 때문이다.

내 아이 감정 조절을 위한 경청과 대화

마트나 장난감 백화점에서 아이와 실랑이를 벌인 적이 있을 것이다. 사달라고 떼를 쓰는 아이는 장난감 상자를 들고 요리조리 도망을 다닐 테고, 그것을 만류하는 부모는 애간장이 탈 것이다. 그런데 나는 아이와 감정 대화를 잘 나누면 쉽게 실마리를 풀어갈 수 있다는 것을 알게 되었다.

하루는 친구를 오랜만에 만났다. 점심을 먹고 늦은 오후까지 못다 한 이야기꽃을 피우고 있었다. 친구에겐 초등학생 큰딸과 아들이 있다. 이야기 도중 남편에게 전화가 왔다. "당신이 애 좀 설득해봐. 내가 말해도 안 들어." 다급한 친구 남편의 목소리가 휴대 전화 너머로 들려왔다. 친구의 남편은 아이들과 마트에 장을 보러 갔다. 그런데 둘째 아들이 장난감 코너에서 마음에 드는 장난감을 사달라고 떼를 쓰고 있었나 보다.

친구는 아이들을 지도하는 선생님인지라 태연하게 아들과 통화를 이어갔다. 처음에는 아들에게 무슨 일인지 물어본다. 그러고 나서 아들의 말을 끝까지 경청해주었다. 통화는 길어지고 친구는 나에게 미안한 눈치였다. 나는 그 마음을 알기에 괜찮다고 손으로 오케이 사인을 보냈다. 이내 안심한 친구는 끝까지 아들의 말을 경청해주는 게 아닌가. 아들의 말을 들으면서 곰곰이 생각하더니 몇 마디 호응도 해주고 '응, 그랬구나.'를 반복한다. 아들의 꼬임에 넘어가나 싶었다. 보통 엄마들은 바로 안 된다고 하지 않는가.

이제 친구가 말하기 시작한다. 처음에는 아들에게 계획에 없는 장난감을 사는 것은 약속위반이라고 차분하게 말한다. 아이와의 약속은 착한 일을 하고 횟수가 쌓이면 그때 원하는 것을 사주는 것이라고 말해주었다. 그리고 엄마가 좋은 것을 사주고 싶지만 네가 고른 것은 너무 비싸서 사줄 수가 없다고 설명을 한다. 하지만 아들이 장난감을 갖고 싶어 하는 마음을 엄마도 이해하나 보다. 사실 안 사주고 싶은 부모가 어디 있을까? 친구는 원칙과 일관성을 지키려고 노력한 것뿐이다. 그렇지만 아들과 긴 통화를 잘 마무리하기 위해 한발 물러선다. 부모도 부담이 적고 아들도 만족할 만한 장난감을 골라서 다시 통화하자는 제안이었다. 아이는 수긍하며 통화를 끊었다.

내 친구지만 참 대단하게 느껴졌다. 친구는 원래 중학교 때부터 선생님이나 친구들에게 호감형 인간이었다. 영어 부장을 하던 친구였는데 쪽지 시험을 치르고 나면 선생님 대신 채점을 도와주는 학생이었다. 지금 생각해보면 학창시절에도 감정 조절을 잘하고 모범적인 친구였다. 남편과 주말부부로 아이 둘을 키우는데 항상 표정이 밝고 긍정적이다. 감정 조절 능력은 엄마로부터 대물림된다는 이야기가 있다. 친구는 자신의 어머니께 감정 조절을 배웠으리라 생각한다. 그리고 보고 배운 대로 자신의 아이들에게 감정 조절을 잘할 수 있게 양육하고 있다.

감정을 잘 조절한다는 것은 무작정 참기만 하는 것도 아니고 과잉 표출하는 것도 아니다. 자신의 감정이 긍정적이든 부정적이든 간에 그것을 잘 알고, 타인이 받아들일 수 있는 방법으로 표현하는 것이다. 부정적인 감정을 자신만의 방법으로 좋게 이끌어간다면 아이는 올바르게 성장할 뿐만 아니라 사회성이 좋은 사람으로 성장한다. 그리고 자라면서 겪는 다양한 성장통을 지혜롭게 풀어갈 것이다.

『감정조절 육아법』

저자 : 최현정

출판 : 미다스북스 (리틀미다스)

　　『감정조절 육아법』은 마음이 힘든 엄마를 위한 감정 조절 안내서이자 아이의 마음을 들여다보는 행동관찰 지침서이다. 육아는 부모와 아이가 함께하는 기나긴 인생 공부 여정이다. 이 과정에서 가장 중요한 것은 부모와 아이가 모두 행복해야 한다는 사실이다. 서로 가장 덜 상처 받고, 덜 후회하기 위해서는 양쪽 모두 감정을 조절하는 방법을 터득해야 한다.

　　『감정조절 육아법』은 부모와 아이가 각자의 감정을 능숙하게 컨트롤하게 한다. 서로의 감정을 기민하게 알아차리게 한다. 더 나은 방법으로 싸우고 화해하고 의견을 주고받고 배려하게 만든다. 그래서 궁극적으로는 가족 간의 따뜻한 마음을 튼튼하게 연결해준다. 감정 조절은 엄마와 아이, 아빠뿐 아니라 온 가족을 더 행복하게 만드는 기적과도 같다.

03 양육의 기본은 감정 교육이다

아이가 느끼는 사소한 감정부터 집중하기

'양육'이란 단어를 인터넷에 검색해보라. 국어사전에는 '아이를 보살펴서 자라게 함.' 지식백과 교회용어 사전에는 '성도를 살피시고 영적으로 성장하게 하시는 하나님의 은혜를 나타낼 때 사용함.' 농촌진흥청 농업용어사전에는 '길러 자라게 함. 육양育養'이라고 쓰여 있다. 양육은 누가 무엇을 어떻게 하느냐에 따라서 의미와 뜻이 달라지는 것을 알 수 있다. 그렇다. 이 세상의 모든 엄마는 다르고 아이를 양육하는 방법은 다양하다고 말할 수 있다.

두산백과에 명시된 감정의 뜻은? '어떤 현상이나 사건을 접했을 때 마음에서 일어나는 느낌이나 기분'을 말한다. 전에는 심리학에서 감각과 감정을 구별하지 않았으나, J.워드와 W.분트는 감각은 객관적이며, 감정은 주관적이라 구별하였다. 감정은 인식작용이나 충동 의지와 다른 것이지만 엄밀히 구분할 수는 없다.

'감각'은 아이가 뛰어놀다 넘어졌을 때 아픈 통증에서 온다. 이때 아파서 우는 행동은 '감정'이 생겼기 때문에 눈물이 나는 것이다. 엄마는 아이의 곁으로 달려와 아이를 안아주면서 "많이 아프지? 엄마가 호 해줄게."라고 말해줄 것이다. 아파서 울던 아이는 시간이 지남에 따라 울음을 그치고 엄마 품에서 안정을 찾는다.

'엄마 손은 약손'이라는 말은 괜히 나온 이야기가 아니다. 엄마의 존재 그리고 말 한마디와 스킨십은 심리적으로 무엇이든지 치유하는 놀라운 능력을 지니고 있다. 내가 어렸을 때 배가 아플 때마다 엄마는 내 배에 손을 올리고 쓱쓱 비비며 '엄마 손은 약손'이라고 노래를 흥얼거리셨다. 신기하게 엄마의 손이 닿으면 금세 나아지는 느낌을 경험했다. 엄마가 내 옆에서 나에게 들려주는 차분한 목소리와 약손 처방은 아팠을 때 가장 안심되는 치료법으로 기억에 남는다. 감정 교육이란 이런 느낌이다. 아이가 엄마로 인해 편안하고 안정감 있는 성장을 하도록 돕는다.

"선생님 저 여기가 아파요." 아이는 손가락이 아프다며 나에게 계속 보여준다. 상처는 보이지 않는다. 나 역시 어린 시절 손에 힘을 주고 무엇인가 할 때 이유 없이 따끔하거나 콕콕 쑤실 때가 있었다. 아이는 아픈 곳이 신경이 쓰여서 수업에 집중을 못 하는 눈치였다. 나는 구급상자 안의 반창고를 꺼내 붙여주면서 안심을 시킨다.

"이거 붙이면 이제 안 아프게 될 거야. 여기 네모난 곳에 약도 발라져 있는 거 보이지?"

그 이후로 제자는 손가락에 신경 쓰지 않았다. 나도 신기하지만, 이것은 엄마의 약손 요법과 비슷한 결과이다. 아이의 손에 상처가 없다고 '괜찮아 상처 안 났네.'라고 그냥 넘겼다면 아이는 수업시간에 스트레스를 받았을지도 모른다. 아이의 마음을 들여다보는 것은 이렇듯 어려운 것이 아니다. 수업이 모두 끝나면 사소하게 놓치는 부분이 없는지 생각해보며 그날 온 아이들과의 수업시간을 떠올려보기도 한다. 지속적인 작은 관심은 결국엔 아이에게 커다란 영향력을 미치기 때문이다.

호주의 심리학자이자 양육 전문가 로빈 그릴은 "7세까지 아이가 경험한 감정은 두뇌를 좌우하고, 아이의 자의식, 사회성, 지능까지 결정한다."고 말한다. 감정은 일시적이라는 일반적인 생각과 달리, 태아 때부터 7세까지 아이가 느낀 감정들은 두뇌에 각인되어, 두뇌 형성에 막대한 영향을 미친다. 어린 시절 아이가 느낀 감정은 이렇듯 중요하다. 아이가 계속 자라면서 아이의 미래에 계속 영향을 주기 때문이다.

감정 교육은 자존감과 관계있다

어린 시절, 그 어느 곳에서도 나에게 감정에 대해 교육을 해준 곳은 없었다. 나는 가장 먼저 엄마에게서 배웠다고 확신한다. 누구의 손에서 자랐는가? 바로 엄마의 손에서 성장했다. 나는 모유를 먹고 자랐기 때문에 엄마는 모유 수유를 하며 나에게 웃는 얼굴과 따뜻한 말로 그 시간을 함께 교감했을 것이다. 실제로 엄마와 함께 모유를 먹는 내 모습이 사진첩에 담겨 있다. 물론 아빠와의 애착도 형성되었을 것이다. 현재 내가 있기까지 부모님께서 든든한 지원군이 되어주셨다. 그리고 다양한 경험을 할 수 있게 해주셨다.

경험하도록 허락해준다는 것은 내 감정에 관심을 두고 공감을 했기 때문이라 생각된다. 그 이후에 누구나 그렇듯 자신이 성장하면서 접한 선생님이나 유치원, 학교, 책이나 여러 자료와 경험을 통해 감정을 어떻게 다스리는지 배웠을 것이다. 부모와의 교감과 애착으로 감정교육이 밑바탕에 깔려 있다면 어디서든지 자존감이 높은 아이로 성장한다. 부모는 아이의 진정한 첫 스승이므로 자존감이 높은 사람으로 성장하도록 도와준다.

엄마의 높은 기대치로 아이의 감정을 첫 번째로 생각하지 않은 적이 있었는가? 사소한 말 한마디지만 내 아이는 그 말 한마디로 인해 자존감이 낮은 아이로 성장할 수 있다.

교내 미술 대회가 있다는 소식이 들렸다. 미술 학원에 비상이 걸렸다! 나는 평소에 대회 그림에 초점을 맞추기보다는 일대일 맞춤식 수업을 선호한다. 하지만 매년 찾아오는 대회를 쉽게 여길 수 없었기 때문에 연습을 시작했다. 2주 동안 아이들에게 대회 그림을 지도했다. 한 아이가 이번에는 상을 타면 진짜 좋겠다고 말을 했다. 상을 타고 싶다는 기대감보다는 걱정을 하고 있었다. 상을 한 번도 타본 적이 없는데 엄마가 이번에는 상을 받았으면 좋겠다고 말씀하셨다는 것이다. 아이는 그림을 그리는 과정보다 상이 목적이 된 것이다. 사실 나도 어린 시절 사생대회나 교내 그림대회에 많이 참석했다. 몇 번 참석했을 때는 상을 탄 적이 없었다. 꾸준하게 참여해 상을 받기도 했다. 내가 꾸준하게 참석한 이유는 좋아했기 때문이다. 상이 목적이 아니었다. 야외용 이젤을 챙기고 화구통, 화판, 수채화 도구 등 준비물이 엄청나다. 하지만 나는 즐기면서 대회에 참석했다. 제자에게 이 말을 해줘야 했다.

"네가 상을 타고 싶은 마음은 선생님도 충분히 이해해. 선생님도 어렸을 때 그랬거든. 학교에서 그림대회를 하는 이유는 과학의 날을 맞이해서 학생들에게 미래에는 어떤 세상이 될까? 무슨 일이 벌어질까? 라는 재미있는 이야기를 만들어보라는 거야. 미래에 정말로 일어날지도 모르잖아. 그걸 상상해서 그림으로 보여주는 거야."

"엄마가 상 타면 선물 사주신대요."

아이는 엄마의 말 한마디에 영향을 받은 것이다. 엄마의 기대감이 아이에게 스트레스를 주고 있었다. 만약 아이가 상을 못 타면 감정이 상하고 더 자신감을 잃게 된다. 나는 2주 동안 대회 그림을 준비하면서 아이에게 대회의 목적은 상이 아니고 즐겁게 과정을 즐기는 것이라고 설명했다. 다행히 몇 년 뒤에 이 학교에는 상을 수여하는 제도가 없어졌다.

엄마는 아이의 자신감을 낮추는 말을 하고 있지 않은지 생각해봐야 한다. 물론 아이가 상을 받는다면 아이와 엄마 모두 행복할 것이다. 하지만 아이가 상을 타지 못한다면? 아이의 입장에서 생각해보아야 한다. 아이는 상을 타고 싶은 마음보다는 엄마에게 인정을 받고 싶은 마음이 더 크다. 아이에게 평소에 상을 타는 아이처럼 그림 실력을 칭찬해주면 된다. 그렇다면 '나는 원래 잘 그려. 상 안 타도 돼.'라고 생각한다. 실제로 자존감이 높고 실력 있는 제자는 나에게 이렇게 말했다. "우리 엄마가 상 받는 것은 그냥 운이래요."

엄마가 아이를 양육하는 데 있어서 중요한 것은 감정 교육이다. 아이가 성장 과정을 거치면서 경험하는 모든 것에는 감정이 존재하기 때문이다. 아이 입장에서 감정을 공감 받고 옳은 감정교육을 배운다면 아이는 자존감이 높아지고 사회성, 지능이 발달하게 된다. 이런 감정 교육이 이루어져야 하는 곳은 가정이 우선이 되어야 한다.

조용히 듣기—인식 반응하기—격려하기 —반영적 경청하기

〈예시〉 아이가

"친구가 나랑 앞으로 안 논대. 나 이제 학교 안 갈 거야."라고 한다면?

"무슨 일이 있었던 거니? 엄마한테 애기해줄래?"

"친구가 그림을 잘 그려서 따라 그렸는데 화를 냈어."

"친구가 그림을 잘 그려서 따라 그렸구나!"

"그래서 내가 너무 속상해서 '흥, 치사하다'고 했어. 그랬더니 친구가 나랑 안 논대."

"아주 속상했겠네. 너는 그 친구랑 다시 사이좋게 지내고 싶어?"

"몰라. 나도 화가 나."

"엄마는 네 편이야. 친구랑 지금 당장 화해하지 않아도 엄마는 이해해."

"그래도 화해하고 사이좋게 지낼래."

"그럼 내일 학교 가서 친구에게 그림 따라 그려서 기분이 많이 상했는지 물어볼까?"

04 교육의 민족, 유대인식 감정 코칭의 비밀

대화로 시작하는 감정 교육

나는 제자와 대화, 질문을 바탕으로 수업을 한다. 그리고 최대한 하브루타를 실천하려고 노력한다. 질문과 대화를 가미한 미술 수업으로 제자들은 사고가 확장되고 스스로 몰입하여 수업에 참여하게 된다. 그리고 아이들은 생각이나 감정을 말로 표현하면서 그것을 자기 그림의 소재로 사용한다. 내가 질문, 대화 수업을 바탕으로 아이들의 감정에도 관심을 두게 된 계기가 있다.

나는 직접 그리고 만든 교재와 시중에 나온 교재를 함께 이용해 수업한다. 그래서 몇몇 제자들은 내 수업을 잘 따라주고 만족하는 눈치다. 하지만 몇몇 제자들은 잘하는 아이 앞에서 기가 죽곤 한다. 이런 모습을 보면서 나는 아이가 상처 받을까봐 조심스럽다. 아이 자신감 및 자존감, 아이 감정, 미술 심리, 창의 교육 등 수업에 도움이 되고자 하는 내용을 찾아보았다. 서점에서 책을 구매해서 읽어보기도 하면서 나름대로 부단히 애를 썼다. 그런데 감정에 대한 콘텐츠가 나의 마음을 끌었다. 그리고 유대인 부모들의 지혜로운 교육법에 감정을 접목하면 유익한 수업이 될 거라 확신했다.

유대인 부모의 자녀교육 방법에는 끊임없는 대화와 질문이 빠지지 않는다. 아이를 하나의 인격체로 존중하며 대화를 통한 양육법을 고수한다. 아이의 감정을 섣불리 무시하지 않으며 아이들의 질문에 귀 기울여 대화를 이어간다. 내가 느낀 것은 내 수업에서도 교육이 전부가 아니라 아이의 감정을 다독이면서 실천하는 유대인 교육법이 꼭 필요하다는 사실이었다.

하브루타는 두 명의 짝이 서로 질문하고 대화하며 토론하는 것을 말한다. 아이는 자기 생각을 당당하게 표현함으로써 자신감을 느끼게 된다. 그리고 상대의 말에 귀 기울이며 배려와 존중을 배우게 된다. 유대인의 하브루타는 '대화 주고받기'라고 봐도 무방하다.

나는 어린 시절에 부모님의 지시에 따라 행동하는 순종적인 아이로 자랐다. 학교 수업은 발표나 토론을 주로 하기보다 선생님께서 칠판에 필기한 내용을 적어 외우는 수업이었다. 그리고 부모님은 자식이 대기업에 입사하거나 공무원이 되어 안정적인 직업을 갖는 것을 자랑으로 생각하셨다. 사회적인 고정관념이 새로운 일에 도전하고 남다르게 행동하는 인생을 많이 제한했다.

자신감 있게 내 의견을 표현하고 남이 가지 않은 길을 가려고 노력하지만 쉽게 되는 것은 아니다. '나도 유대인 부모들의 교육방법으로 자라났으면 얼마나 좋았을까?'라는 생각을 해본다. 그리고 단순한 주입식 교육을 우리의 아이들에게 대물림되게 하고 싶지 않았다. 그렇다고 내 부모님의 양육 방식을 비판하는 것이 아니다. 변해가는 시대에 맞추어 양육법이 바뀌어야 한다는 이야기를 하고 싶은 것이다.

선진국들의 특별한 교육법에서 배울 점이 많다. 특히 유대인의 교육법으로 우리에게 부족한 '생각을 말하는 대화' 방법이 필요하다고 느낀다. 이 세상에는 전 세계 인구의 0.2%에 해당하는 약 1천5백만 명의 유대인들이 있는데, 그중 수많은 유대인이 언론과 경제, 정치, 연예 분야에서 선도적인 역할을 담당하고 있다. 세계적으로 우수함을 인정받고 있는 유대인들의 비결은 바로 부모 교육에 있다.

유대인 부모는 태교할 때부터 아기와 교감한다. 잠자기 전 베드 타임

bedtime 독서를 하며 이야기를 들려준다. 밥상머리 교육으로 식사시간에 질문과 대답이 오고 가기도 한다. 유대인 부모들은 아이가 스스로 생각할 수 있게 좋은 질문을 만들어 대화를 나눈다. 아이가 궁금한 점이 있을 때는 바로 답을 알려주지 않고 끊임없이 질문으로 다시 묻고 대답하며 토론한다. 아이의 궁금증은 곧 알고자 하는 물음이 되어 자발적인 학습 참여로 이어진다. 이로 인해 아이는 자신감과 학습에 대해 적극적이고 긍정적인 태도를 가지게 된다.

유대인 부모의 태도를 보면 아이의 행동이나 말에 주의를 기울인다. 아이가 떼를 쓰거나 좋지 못한 행동을 했을 때는 무턱대고 혼내거나 잔소리를 하지 않는다. 일단은 아이의 감정과 마음을 알아보려고 질문을 한다. 아이가 좋지 못한 행동이나 말을 하게 되면 그 행동을 깨닫게 해주기 위해 좋은 질문으로 대화를 시도한다. 나는 이런 유대인의 교육법을 내 수업에도 적용하고 있다.

학원 문을 들어서면서 '바보야, 멍청이야.'라고 말하는 아이가 있었다. 이 말을 들은 한 아이가 기분이 상해서 나에게 도움을 요청하였다. 그래서 나는 혼낸다는 개념보다는 '모르는 것 같으니 내 생각을 전달해주자.' 라고 생각했다. 대화가 조금 길어지더라도 조용히 아이를 불러 이야기를 해봤다.

"오늘 혹시 친구가 너를 속상하게 한 일이 있었니?"

"아니요."

"친구를 놀려서 선생님은 혹시 네가 속상한 일이 있나 궁금했어. 학원에 와서 친구에게 바보라고 큰 소리로 말하는 것은 어떤 행동일까?"

"별로 안 좋은 행동이요."

"그러면 그렇게 말한 이유가 있니?"

"그냥요. 재밌잖아요."

"만약에 다른 친구가 너한테 '멍청아!'라고 부르면 어떤 느낌일 것 같아?"

"안 좋아요."

아이는 본인이 한 말이 그냥 재미있는 줄 알고 내뱉었다. 하지만 입장을 바꿔 생각해보니 상대방은 기분이 안 좋았다는 것을 알게 되었다. 이 대화가 어렵다고 생각하는 사람은 없을 것이다. 나는 아이가 받아들일 수 있도록 질문하거나 대화를 해본다. 그러면 아이는 잘 이해한다. 잘못된 행동이 바뀌는 것은 시간문제다. 다음 수업시간에 아이는 전에 보이던 행동을 보이지 않았다. 가령 "너는 왜 못된 말만 하고 다니니?"라고 혼냈다면 아이는 어리둥절했을 것이다. '내가 말을 하면 왜 혼내지? 선생님은 나를 싫어하나 봐. 친구한테 재밌는 말을 했을 뿐인데.'라고 생각할수 있다.

아이의 감정은 화로 나올지 소극적인 감정으로 나올지 모르겠지만 혼내는 방법은 올바른 감정 교육법이 아니다. 이런 일이 반복된다면 결국 '나는 사랑받을 자격이 없는 사람'이라고 생각하기 쉽다. 삐뚤어진 행동을 계속 일삼으며 관심을 표출할 수 있다. 그런 행동이 반복되면 남에게 피해를 주는 아이로 성장한다. 아이의 자존감 또한 낮아지고 매사에 부정적인 아이로 성장하게 된다.

유대인 엄마는 인내심이 강하다

EBS〈세계의 교육현장〉의 '유대인 가정교육' 편을 보면 유대인에게 있어 어머니의 역할은 절대적이라 한다. 1948년 이스라엘 건국 후 아버지가 유대인이 아니어도 어머니가 유대인이면 유대인으로 인정하기로 했다. 그만큼 어머니의 영향력을 크게 본 것이다.

유대인 엄마는 아이가 3살이 되면 히브리어가 쓰인 낱말 퍼즐을 가지고 놀이처럼 놀며 익히게 한다. 이때 오빠가 동생을 도와주려고 한다. 그때 엄마는 동생은 도와주는 것보다 혼자 하는 것을 경험해보아야 한다고 말해준다. 아이가 난해해 보이는 히브리어 알파벳 22개를 결국 혼자 힘으로 다 맞추자 엄마는 충분히 환호하며 칭찬을 아끼지 않는다. 유대인 엄마는 히브리어와 영어를 가르치는 데 그 방법은 노래와 놀이다. 이 유대인 부부는 아이들을 10명이나 양육하는데 소리 한 번 지르지 않는다.

부부는 아이들을 모두 인격이 있는 존재로 생각하며 축복이라 느낀다.

화를 참는 게 아니고 인내해야 하는 과정이라며 엄마는 여전히 온화한 표정으로 인터뷰를 한다. 유대인 엄마의 양육과 감정 코칭은 내가 알고 있던 우리나라 방식과는 달랐다.

05 감정 하브루타란 무엇인가?

하브루타 감정 수업에는 대화가 있다

나는 혼자서 수업, 학원 관리, 상담 등 다양한 것을 해야 하는 원장이다. 이렇게 학원을 혼자 맡고 있기 때문에 예고 없이 방문상담을 오시는 어머니들과 잠깐의 대화라도 나누면 교실 분위기는 엉망이 된다. 다시 수업에 집중하도록 아이들에게 잔소리하거나, 잠깐 사이에 그림에 낙서나 장난을 하는 모습에 욱한 적도 많다. '수업 시간에 내가 잠깐 없더라도 아이들이 스스로 집중할 방법은 없을까?'라는 의문이 들었다.

치킨을 배달 주문할 때 양념으로 시킬지 프라이드로 시킬지 고민이 되었던 경험이 있을 것이다. 둘 다 먹고 싶다면 어렵지 않게 보통 '반반' 치킨을 주문하곤 한다. 내가 아이들에게 지도하는 미술 수업 방식도 '반반' 수업이다. '하브루타'를 실천하고 아이들의 '감정'을 들여다보는 식으로 수업한다.

'하브루타'는 유대인이 고수하는 교육법이다. 질문, 대화, 토론을 기본으로 짝과 끊임없이 논쟁하는 정답이 없는 학습법이다. 우리나라와 비교했을 때 전통과 환경 그리고 문화에서 다소 차이점을 보인다. 유대 교육을 이야기할 때는 종교를 떠나서는 논하기 어렵다. 유대 교육은 종교 교육에서 파생되어 나왔기 때문이다. 토라, 탈무드, 예배, 성전, 하나님, 신 등 종교적인 단어의 사용이 불가피하다. 하지만 우리가 유대 교육에서 배워야 할 가장 중요한 것은 배움에 대한 그들의 사상, 즉 교육을 최고의 가치로 생각한다는 점이다.

질문, 대화 및 토론 학습은 자기 생각을 말하고 사고를 확장하는 데 효과적이다. 나는 다년간 아이들을 지도했기 때문에 미술에도 이 방식을 접목할 수 있으리라 생각했다. 관련된 책과 뉴스 기사, 신문, 칼럼, 잡지 등을 꾸준히 보았다. 처음에는 어렵게 느껴지고 어떻게 수업과 연계해서 할 것인지 고민이 됐다. 하지만 어렵게 생각하지 말고 아이들과 대화를 좀 더 많이 한다고 생각했다. 우선은 질문에 익숙한 아이들이 아니니깐 내가 먼저 많은 질문을 해보았다.

학원이라는 환경의 특성상 아이들은 나에게 무엇을 하는지 묻는다. 책상 위에 놓여있는 재료를 보거나 다른 아이들이 하는 미술 활동을 보면 궁금증이 자극되기 때문이다.

"선생님, 안녕하세요. 오늘은 뭐 해요?"
"오늘은 어떤 수업을 할지 책상을 둘러볼래?"
그러면 아이들은 책상으로 시선을 돌리고 내가 낸 수수께끼를 풀려고 생각에 잠긴다. 나는 아이들에게 정답을 들으려고 묻는 것이 아니라고 말해준다. 중요한 것은 준비된 재료를 가지고 어떻게 사용하면 좋을지 생각해보는 것이라고 덧붙인다. 아이들은 이내 서로 대화를 시작한다.

"너는 오늘 뭐 할 것 같아?"
"모르겠지만 파스텔이 준비된 걸 보니 저걸 사용할 건가 봐."
"으! 난 파스텔 사각거리는 소리가 별로야."
"나는 부드럽고 좋던데."
"예전에 파스텔로 밤하늘 색칠했었는데."
"나도 바닷물 색칠했어."
"여러 가지 색을 섞으면 더 멋져."

정말 아이들의 대화를 듣고 있으면 놀랍다. 왜냐하면 재료의 특징을 알아서 파악하고 같은 재료이지만 개인마다 사용했을 때 느낌이 다르다는 것도 잘 알고 있기 때문이다.

아이들이 무엇을 느끼고 어떠한 감정을 가졌는지, 공감하고 이해하는 수업을 나는 '감정 수업'이라고 이름 붙였다. 그리고 아이들이 질문, 대화, 토론으로 소통하며 그림을 그려나가는 것이 '하브루타 수업'이다. 이 두 가지 개념이 합쳐지면 '하브루타 감정 수업'이 완성된다.

나는 하브루타 감정 수업을 아이들이 어렵게 받아들이지 않는 것이 우선이라고 생각한다. 그래서 거창하게 하브루타라는 말을 쓰지 않고 말하는 수업, 대화하는 수업 등으로 표현한다.

질문으로 시작, 경청과 공감으로 마무리

화가 뭉크의 〈절규〉라는 작품으로 수업을 진행했다. 처음에는 제목과 작가에 대한 이야기를 들려준다. 그림에 대한 사전적인 내용을 전달해야 기본을 탄탄하게 다질 수 있다. 그리고 나서 질문 수업으로 연계할 수 있다. 그리고 저연령, 초등 저학년 아이들에게 진행하는 수업에서는 단순하게 표현된 명화를 선정해야 한다. 우선 질문을 미리 정해서 화이트보드에 적어놓았다. 그리고 나서 아이들에게 읽어주며 대답을 들어보았다.

"그림 안의 사람을 보면 어떤 느낌이 들까?"
"저 사람의 심정은 어떨까?"

"그림 속의 사람은 무엇을 하고 있을까?"

"그림의 장소는 어디일까?"

"저 그림을 본 적이 있나?"

"맨 앞의 사람 대신 다른 인물을 넣어준다면 누구를 넣을까?"

이내 아이들의 대답들이 쏟아지기 시작했다. 처음에는 자신의 이야기 만 하려고 했다. 그래서 다른 사람이 이야기할 때는 주의 깊게 들어주기 로 약속을 했다.

"못생겼어요."

"저 사람 그리기 싫어요."

"사람이 대머리 빡빡이 같아요."

"해골같이 생겨서 무서워요."

"깜짝 놀랐어요."

두 번째 대답은 다음과 같았다.

"힘들고 아파요."

"지갑을 잃어버려서 슬퍼해요."

그 밖의 대답으로는 아래와 같은 대답을 들을 수 있었다.

"사람이 다리에서 놀라고 있어요."
"저는 카카오프렌즈 캐릭터로 대신 그릴래요."

아이들과 소통하면서 대화를 나누어야 스스로 참여하는 수업이 된다. 아이들의 대답에 다시 질문으로 대답했다.

"저 사람을 그리기 싫은 이유를 말해줄래?"
"지갑을 잃어버렸다고 했는데 어쩌다가 지갑을 잃어버렸을까?"

대화 수업을 마무리하고 절규하는 인물 대신 아이들이 원하는 사람으로 재탄생시키는 수업을 진행했다. 아이들은 대화로 한 단계 구체화한 자기 생각과 의견을 정리해서 그림을 그려나갔다. 그러면 같은 주제로 그림을 그리지만 독특한 작품, 자신만의 개성이 넘치는 작품이 탄생하게 된다.

내가 하브루타 감정 수업을 하는 이유는 다음과 같다.
나는 하브루타로 아이들의 생각과 사고를 확장한다. 질문하며 정답을 찾는 것보다 더 중요한 생각을 하며 탐구하는 과정을 경험하게 한다. 그리고 아이들이 수업 때 느끼는 감정을 공감한다. 감정을 공감한다면 아이들과 더 친밀하게 수업을 진행할 수 있기 때문이다.

　아이들은 이런 수업을 통해 창의적이고 독특한 생각을 온전하게 작품으로 연결한다. 아이들의 창의성을 키우고 성취감을 높이면 자신감과 자존감이 발달한다. 미래의 주인공인 아이들이 스스로 주도하여 생각을 말하고 미술로 표현하길 바라기 때문에 하브루타 감정 수업은 중요하다.

모나리자 그림을 준비해주세요.

그림을 보고 아이와 질문 만들기를 해보세요.

질문을 서로 주고받으며 대화를 나눕니다.

〈예시 질문〉

- 그림 속의 인물은 누구일까?

- 여자의 눈썹은 왜 없을까?

- 언제 그린 그림일까?

- 전체적인 색깔이 왜 어두울까?

- 여자의 표정을 보면 느껴지는 감정은 무엇일까?

- 여자 뒤의 풍경은 어디일까?

- 그림이 완성되기까지 얼마나 걸렸을까?

06 쉽고 재미있는 감정 하브루타!

공을 주고받듯이 대화하기

"선생님 다 했어요. 다음엔 뭐해요?"

"그림을 멀리서 한번 볼래? 멀리서 보니 어때?"

"배경이 좀 썰렁해 보여요."

"배경이 썰렁해 보이니? 그러면 배경을 어떻게 꾸며줄까?"

"배경을 그러데이션 기법으로 색칠해볼래요."

"무슨 재료로 칠해야 어울릴까?"

"물감이요. 흰색이랑 섞어서 칠해볼래요."

내가 수업시간에 자주 사용하는 하브루타 대화법이다. 제자의 질문에 질문으로 대답하기. 하브루타는 꼬리에 꼬리를 무는 질문법이다. 그리고 짝 또는 함께 수업하는 친구, 선생님과 대화, 토론하면서 학습하는 유대인의 공부법이다. 나는 이 공부법을 미술 수업에 사용하고 있다. 하브루타 감정 수업은 아이가 흥미를 느끼고 있는 어떤 것이든지 질문과 대화를 나누면 된다.

나는 아이에게 다음에 무엇을 해야 하는지 지시하지 않는다. 제자가 스스로 생각해서 작품을 완성하도록 질문을 한다. 제자들은 정답이 없는 미술 수업을 하는 것이다. 아이들은 계속 생각해야 궁금증을 갖는다. 이런 과정에서 스스로 탐구하게 되며 의문을 가지고 끊임없이 질문하게 된다. 무엇인가 알고자 할 때는 분명 궁금증이 앞서기 때문이다.

엄마와 나누는 대화는 사랑과 관심이다

나는 수업을 하다보면 한 아이에게 관심을 쏟을 때가 있다. 왜냐하면, 아이가 새로 들어오면 학원에 관한 이모저모를 알려줘야 하기 때문이다. 우선 학원에 적응하고 익숙해지려면 함께 수업하는 또래들과 인사를 나누며 관계에 신경을 써야 한다.

그리고 학원의 구조, 재료의 위치, 정리하는 방법을 알려주며 아이와 함께 이동하면서 대화를 많이 해야 한다. 그리고 때론 옆자리에 앉아서 다정한 말투로 대화를 나눈다. 낯설고 잘 모르는 것에 대한 두려운 마음을 나도 어렸을 때 겪어보았기 때문이다. 그런데 함께 수업을 받고 있던 한 아이가 이렇게 말했다.

"나도 이거 어떻게 하는지 모르는데."

사실 알고 있을 것이다. 그렇지만 나는 그 마음을 충분히 이해한다. 어렸을 때 친척 어른들의 사랑과 관심을 독차지했던 장손 오빠가 갑자기 떠올랐다. 그래서 나는 설명을 마무리하고 골고루 돌아가면서 다른 아이들에게 더 다정한 말투로 이야기를 나누었다.

아이들은 사랑받고 싶어 한다. 그리고 솔직하고 순수하다. 하물며 아는 엄마의 관심과 사랑을 독차지하고 싶을 것이다. 엄마는 아이와 매일 함께하는 시간을 소중하게 느끼지 않으리라 의심치 않는다. 단지 익숙함으로 인해 내 아이의 소중함을 잊어버릴 수도 있다. 그 자그마한 차이가 아이에겐 커다란 희망과 행복이 될 수도 있고, 불행이 될 수도 있다.

그래서 일상에서 아이와 끊임없이 대화하고 소통하는 습관을 들여야 한다. 크게 나누어서 아침, 점심, 저녁에 대화에 공을 들여보자. 등교 전에 '빨리빨리'를 외치지 말고 너를 믿으니 등교 준비를 잘할 것이라는 말 한마디를 건네보자. 어색해도 시도해야 한다.

점심시간에 휴대전화로 아이에게 맛있게 점심을 먹으라고 간단히 통화해도 좋다. 통화하기 어렵다면 함께하는 주말에 한 주 점심시간을 몰아서 물어보거나 관련된 대화를 나누어보자. 혹은 저녁에 학원이나 학교를 마치고 온 아이에게 "오늘 하루 어떻게 보냈어?"라고 질문을 건네보자. 아이는 있었던 일을 재잘재잘 이야기할 것이다. 저녁 식사시간에 하루를 마무리하며 질문하고 대화해도 좋다. 거래처의 담당자에겐 칼 같이 약속을 지키면서 아이에게는 바쁘다는 핑계로 대화하는 약속을 안 지키고 있지는 않은지 돌아봐야 한다.

창의력, 하브루타 감정 대화로 시작하자

나는 아이들에게 "얘들아, 너희들과 하브루타 수업을 할 거란다."라며 하브루타 감정 수업을 시작한 것이 아니다. 아이들과 말을 많이 하는 것뿐이다. 질문으로 시작해서 대화를 많이 나누다 보면 제자는 "아, 맞다. 이거 그려봐야지!"라고 생각할 때가 있다. 제자는 시키지 않아도 스스로 그릴 내용을 정하는 것이다.

지영이는 독특하게 닭을 좋아한다. 닭의 생김새와 울음소리 그리고 병아리 때의 모습이 다르다는 점에 흥미를 느낀 것이다. 그래서 지영이의 스케치북에는 닭이 많이 등장한다. 닭을 많이 그려보았으니 닭과 비슷한 다른 것을 그리도록 질문했다. 아이는 참새를 그려보겠다고 한다. 스케치북의 오른쪽에 커다란 나무가 등장하고 여백에는 참새들의 다양한 스토리가 만들어졌다.

중앙에 가수 참새 한 마리가 등장한다. '오빠 쩍쩍 스타일'이라고 말풍선 안에 글도 적어 넣었다. 가수 참새가 콘서트를 하고 있고 그 공연을 관람하는 30마리 정도의 참새들이 그려져 있다. 장소는 숲속으로 꾸며주었고 공연장과 어울리는 매표소도 그려주는 센스를 보여준다. 그 밖에 속속들이 아이의 재미있는 아이디어로, 벌레를 잡아먹는 참새도 몇 마리 보인다. 나무에 매달린 그네를 타고 있는 참새와 어미 새가 먹이를 물어와 새끼 새에게 주는 그림도 그려 넣는다. 정말 놀라운 것은 초등학교 4학년 제자의 머릿속에서 이런 재미있는 상상력이 나올 수 있다는 것이다. 제자를 오래 지도했는데 저학년일 때부터 그림 안에 자신만의 개성을 살린 이야기들이 많이 등장했다.

초등학교 시기에는 이런 창의성을 바탕으로 하는 학습이 이루어져야 한다. 미술이라는 영역은 사실 정답이 없다. 단지 일관성 있게 아이의 개성과 독창성을 존중하며 도와주는 학습이 되어야 한다. 내가 생각하는 일관성이란 아이의 그림이 근사하게 완성되지 않았다고 선생님이 일부러 손을 대준다거나 아이의 개성이 없어지도록 지도하지 않아야 하는 점이다. 그림과 미술 작품이라는 결과물은 단순하게 생각하면 안 된다. 그 결과물을 창조하는 과정이 무척 중요하기 때문이다.

형태를 잘 표현하고 싶은데 생각대로 안 그려질 때는 힌트라는 수수께끼를 제시하여 아이가 실마리를 풀 수 있도록 지도한다. 가령 아이가 고양이를 그렸다. 그런데 고양이의 특징을 살린 눈을 그리고 싶은데 잘 안 그려진다면, 나는 점선을 최소한으로 찍어서 아이가 원하는 방향으로 그릴 수 있게 도와준다. 또 다른 방법은 크로키 북에 아이가 원하는 형태를 마음에 들 때까지 연습하는 것이다. 이 모든 과정은 대화를 바탕으로 이루어진다. 즉, 하브루타를 실천하며 아이들의 생각과 궁금증을 끌어낸다. 그리고 나서 자신만의 개성으로 표현한다면 세상에 단 하나뿐인 내 작품이 탄생하는 것이다. 이 과정은 아이들이 성장해가며 창의적인 사람으로 자라는 데 큰 힘이 된다.

하브루타 감정 수업은 어렵지 않다. 엄마는 3가지만 마음속에 저장해두면 된다.

첫째, 일상에서 하브루타 감정 수업이 가능하다. 아이가 집을 나설 때, 휴대전화로 통화할 때, 집에서 함께 식사할 때, 주말에 나들이하러 갈 때, 잠자기 전에, 집에서 함께 놀이하는 시간 등 아이와 함께하는 모든 시간에 가능하다.

둘째, 평상시에 아이가 하는 말에 귀 기울이면 된다. 엄마가 억지로 질문하고 대화를 많이 하지 않아도 된다. 억지로 한다면 아이도 대화하는

데 불편함을 느껴 말문을 닫을지도 모른다. 아이가 충분히 말하고 생각을 표현할 때까지 그저 듣고만 있는 것이다. 가끔은 고개를 끄덕여주면서 말이다.

셋째, 엄마가 조금만 말을 차분하고 부드럽게 하면 된다. 아이가 엄마에게 어떤 것을 이야기하고 나면 이제는 엄마가 말할 차례다. 가르친다는 생각보다 자연스럽게 대화를 나눈다고 생각한다. 아이가 이해하기 쉽게 그리고 평소보다 살짝 길게 이야기한다. 아이의 질문에 짧게 대답하거나 건성으로 말하면 아이도 불편함을 느낀다.

마지막으로 질문에는 바로 정답을 말하지 않는다. 다시 질문을 유도해서 아이가 생각하게 만든다. 아이와 독서를 하면서 책이 전달하는 교훈에 관해 말을 주고받는 것을 추천한다.

집에서 하브루타를 하려면 우선 목표가 중요합니다.

만약 자녀와의 관계를 개선하고 싶다면, 일상에서 쉽게 접하는 것을 대상으로 시작하는 것이 좋습니다.

예를 들어, 눈앞에 보이는 물건을 아무거나 잡고 "이걸로 누가 질문을 많이 하나 내기해볼까?"라며 시작해보세요.

07 감정을 다스릴 줄 아는 아이가 행복하다

감정 조절은 결과를 다르게 만든다

아이가 감정이 격할 때 충동적으로 행동하는 것은 자연스러운 현상이다. 오히려 감정을 드러내지 않고 참는 것이 아이들에게는 더 안 좋은 신호이다. 감정을 언제, 어디서 표출할지 모르기 때문이다. 어른이 감정을 드러내야 하는지, 드러내지 않아야 하는지 잘 판단할 수 있는 이유는, 감정 조절이 가능하기 때문이다. 그렇다면 성인인데 감정 조절이 힘든 사람은? 바로 어린 시절 감정 조절에 관한 다양한 대처법을 배우지 못했기 때문이다.

이것은 누구의 잘못도 아니다. 옛날에는 많이 참고 버티는 게 일반적인 사회가 아니었는가! 성인으로 자라면서 다양한 경험과 노력으로 인해 좋아지는 경우는 많은 연구 결과로 증명된다. 하지만 어린 시절에 제대로 배웠다면, 행복한 인생을 살기 위해 시간과 에너지를 낭비하지 않아도 됐을 것이다.

아이는 감정 조절방법을 많이 배우거나 경험한 적이 없으므로 감정이 시키는 대로 표현하는 방법밖에 모른다. 큰 소리로 울고, 던지고, 화를 내는 표현으로 엄마에게 도와달라고 신호를 보내는 것이다. 이것을 엄마가 알았다면 잘 대처하는 방법을 설명해주어야 한다.

아이들은 스마트폰을 이용해 사진을 보고 그려도 된다. 나도 어머니들과 메신저를 사용해서 스케줄을 조정하고 전화도 받기 때문에 수업하면서 휴대전화를 사용한다. 하지만 수업 중간에 지속해서 게임을 하는 아이로 인해 기분이 좋지 않았다. 몇 번 주의를 주었지만, 태도는 변하지 않았다. 내가 아이의 감정이 상하는 잔소리를 툭 내뱉었다. 아이가 욕을 중얼거리는 소리를 들었다. 아이에게 날카로운 목소리로 말했다. "너 지금 뭐라고 했니? 다시 한번 말해봐." 이때부터 일이 복잡하게 꼬이면서 수업은 중단됐다. 초등 5학년인 아이는 계속 울면서 분노를 표출했다. 지치고 피곤했다. 그래서 아이에게 물 한 잔을 건넸다. 끝이 날 기미가 안 보여 집으로 보내고 어머니께 전화를 드렸다.

그때 우선 내 감정을 잘 다스렸다면 이러한 일은 피할 수 있었다. 상대방을 정확하게 파악하지 못한 상황에서 내가 어떻게 감정 조절을 하는가에 따라서 결과는 확연히 달라지기 때문이다. 그리고 나는 아이의 마음을 먼저 들여다보며 대했어야 했다. 내 역할에 맞는 감정 조절이 잘 이뤄지지 않았다.

제자가 만약 '죄송합니다.'라고 한마디만 했다면 바람처럼 지나갔을 것이다. 사실 아이에게 매번 그런 행동을 바라는 것은 아니다. 하지만 아이도 감정 조절 대처방법을 알고 있었다면 긍정적인 방향으로 전환되었을지도 모른다. 이 일을 계기로 아이와 더 가까운 사이가 됐다. 왜냐하면, 그 이후로 아이와 대화를 많이 나누었기 때문이다. 다음 수업 때 다행히 아이는 학원에 나왔고 나는 아이에게 미안한 마음을 전했다. 아이도 죄송하다며 사과를 하고 수업시간에 게임을 안 하겠다고 약속했다. 나와 아이는 그날의 기억이 부끄러웠고 조금만 감정 조절이 익숙했다면 결과는 달라졌을 것이다.

감정을 다스릴 줄 아는 아이로 키우려면 어떻게 해야 할까?

첫째, 유아기에 감정에 관련된 경험을 해보아야 한다. 부모는 아이가 다양한 감정을 경험하도록 체험을 시켜준다. 부모는 적절한 중재자와 도움자가 되어 부정과 긍정의 감정을 경험하게 해야 한다. 그래서 화나는 감정을 표현할 상황이 오게 된다면 떼쓰고 던지는 화가 아니라 자기의 화난 감정 상태를 제대로 표현하도록 연습시켜준다.

둘째, 감정을 말로 표현하도록 훈련한다. 보통 2~3세는 말을 시작하는 시기이다. 이 시기에 아이에게 동화책을 읽어주며 감정표현 방법을 알려준다. 독서 습관과 감정 표현을 말로 할 수 있어 두 마리의 토끼를 잡는 장점이 있다.

셋째, 부모의 공감이 필요하다. 감정을 무시당할수록 아이는 스트레스를 많이 받게 된다. 아이가 스트레스를 해소하기 위해 우선시 되는 것이 부모 또는 상대방의 공감이다. 경청과 존중이 필요하다. 그리고 나서 스트레스를 해소할 올바른 해결 방법을 제시하거나 도와줘야 한다.

넷째, 자존감을 키워준다. 애착을 형성하면 자존감은 따라온다. 자존감이 높은 아이는 어떠한 상황에도 감정에 휘둘리지 않는다. 부모가 아이에게 해줄 수 있는 가장 큰 선물은 바로 이런 부정적 경험에 크게 흔들리지 않을 보호막, 곧 자존감을 주는 것이다. 자존감이 높은 사람은 누가 자기를 무시해도, 일이 잘 풀리지 않아도, 누군가 자리를 떠나가도 이런 사건과 사고가 자신에게 부정적인 영향을 준다고 생각하지 않는다.

주체적인 생각을 하는 아이

하루는 두 제자가 논쟁을 벌이는 것처럼 말다툼을 하고 있었다. 계속되는 말다툼을 중재해야겠다고 생각했다. "그만 싸우자. 서로 친한 사이면서 왜 그렇게 말하니?"라고 이야기를 했다. 그런데 아이들은 "저희 싸우는 거 아닌데요? 그냥 얘기하는 건데요."라고 말했다. 순간 다행이라고 생각했다. 왜냐하면, 아이들의 대화에 이런 내용이 있었기 때문이다.

"너는 다른 애들에 비해서 키가 작으니까 불편한 점이 많겠다. 왜 키가 안 커? 난 큰데."

"내가 키가 작긴 해. 그런데 나는 음식을 골고루 먹는데도 잘 안 커. 그런데 너는 좀 살이 쪘다고 생각하지 않냐?"

"어 맞아. 나는 살이 좀 쪘어. 근데 웬만한 옷은 다 맞아."

"그때 입었던 옷은 작았잖아! 거짓말하시네."

"야! 그거 맞는 건데 조금 작아진 것뿐이야!"

이런 비슷한 내용이 계속 오갔다. 외모에 대한 민감한 이야기라서 중재한 것인데 아이들은 자연스러운 대화를 나누었던 것뿐이었다. 자신의 장단점을 이야기하면서 상대방의 장단점도 비교하며 대화를 했으리라 생각된다. 이런 대화가 가능한 것은 아이들이 감정 조절을 잘하는 아이로 자랐기 때문이다. 자신이 들었을 때 기분이 상할 수도 있는 대화를 잘

자존감이 높은 아이는 어떠한 상황에도 감정에 휘둘리지 않는다.

풀어나간 경우다. 보통 자존감이 높고 스스로 할 일을 결정하는 아이들에게서 많이 보이는 모습이다.

그림을 그릴 때도 이 두 아이는 자신의 장단점을 잘 알고 있다. "너는 스케치 하는 것 좋아하잖아. 나는 그림 그리는 것보다 색칠을 더 좋아하니깐 우리 바꿔서 해보자. 선생님 혹시 얘랑 바꾸어서 해도 돼요?"
내 생각에는 아이들이 바꿔서 하는 아이디어가 너무 참신했다. 그래서 아이들에게 좋다고 했다. 하지만 아무 때나 하면 안 된다고 말해주었다. 매달 한 번 자유주제 수업 시간에 원하는 방법으로 그리자고 말했다.

하브루타 수업은 짝과 대화를 하다 보면 어느새 자기 자신이 주도권을 가지게 된다. 정확히 말하면, 서로 번갈아 가며 주도권을 갖는다. 친구가 말할 때는 경청을 하니 자신과 의견이 다르다는 것을 깨닫는다. 아이들은 자기 생각을 존중받기 때문에 몰입하며 작품을 완성한다. 함께 대화하며 무엇을 어떻게 완성할지 스스로 파악한다. 이렇게 수업하지 않았다면 아이들은 그저 시키는 대로 따라 하는 미술을 배웠을 것이다.

하브루타에는 상대의 감정을 읽고 마음을 헤아리는 방법도 포함되어 있다. 아이들의 생각과 의견이 서로 오가는 과정 중에 아이들 감정도 존중 받기 때문이다. 공감을 받으면 누구나 기분이 좋다. 그러한 기분 좋은 느낌을 알게 된다면 상대방에게도 똑같이 표현하고 보여주고 싶을 것이다.

『감정 코칭』에서 최성애 박사는 이렇게 말한다.

"아직도 IQ 높은 아이가 공부도 잘하고 성공할 가능성도 크다고 믿고 있습니다. 하지만 이것은 단지 뇌의 기능 중 극히 일부분만을 측정하는 것에 불과합니다. 감정 코칭을 받아 정서적으로 안정되고 감정을 잘 다룰 줄 아는 아이, 한마디로 EQ(정서 지능)가 높은 아이들은 다릅니다. 공부도 잘하고, 대인관계를 풀어가는 능력도 뛰어나며, 자기감정을 잘 조절해 스트레스에도 강합니다."

감정을 다스릴 줄 아는 아이가 행복하다. 이런 아이는 스트레스 상황을 잘 이겨낸다. 아이의 마음에 상처가 남지 않고 지나간 일, 추억 정도로 여긴다. 자라면서 스트레스 상황을 부모로부터 공감, 이해받았기 때문에 해결이 된 것이다.

그리고 감정을 다스리는 아이는 자존감이 높아 주체적으로 행동한다. 아이가 자기감정을 표현했을 때 엄마의 적절한 반응으로 사랑받고 있다고 느꼈을 것이다. 이런 아이는 엄마의 꾸준한 관심과 대화로 성장한다. 아이가 평소 하는 이야기를 경청하고, 때론 하지 않던 행동에 주목해서

대화를 나눠보는 것은 어떨까? 엄마에게 이런 훈련이 되어 있다면 어떤

일이든지 습관으로 밴 감정 조절로 지혜롭게 해결해나간다.

행복한 아이는 어떤 아이라고 생각하나요?

1장_왜 감정 하브루타 해야 하는가?

2장

우리 아이 감정 조절
골든타임을 잡아라!

"세상에서 가장 현명한 사람은 모든 사람으로부터 배우는 사람이며,
가장 사랑받는 사람은 모든 사람을 칭찬하는 사람이요,
가장 강한 사람은
자신의 감정을 조절할 줄 아는 사람이다."

01 연령별 엄마가 알아야 할 감정 상식

엄마의 반성 그리고 인정

나는 개인 블로그를 운영하고 있다. '하브루타 감정 수업'을 검색하면 관련 내용을 접할 수 있다. 내 이웃 중 몇몇은 자녀가 있는 엄마들이다. 이웃의 블로그를 방문해서 아이의 양육에 관한 글을 읽어 본다. 엄마의 감수성이 묻어나는 글을 읽다 보면 나도 모르게 빠져든다.

어떤 블로그에는 엄마의 임신과 출산까지의 소중한 순간을 포스팅해 놓았다. 아이의 성장 사진과 글 또한 꾸준히 올라온다. 엄마는 육아를 위해서 책을 읽고 느낀 점도 쓰면서 하루를 소중하게 보낸다. 아이를 올바르게 양육하기 위해서 노력하는 흔적들이 곳곳에 글에 담겨 있다. 엄마는 감기몸살이 났는가 보다. 하지만 아픈 몸을 일으켜 새벽에 깨서 놀고 싶어 하는 아이를 돌봤다는 글을 읽었다. 그리고 나서 아이는 낮잠 자는 시간에는 졸려하면서도 안 자고 버틴다는 글이 뒤를 이었다.

엄마는 징징대는 아이에게 울컥 짜증을 쏟았나보다. 하지만 그날 포스팅된 글을 읽어 보니 엄마는 아이에게 미안한 마음을 글로 써놓았다. 그리고 아이를 잘 돌보고 키우는 것은 당연한데, 자신의 몸이 아파서 감정 조절을 못 한 것에 대해 반성을 한다.

엄마의 마음은 이런 것이다! 아이를 양육하며 다양한 감정을 느낀다. 자기를 반성하며 다음에는 화내지 않겠다고 다짐한다. 아이의 떼쓰기와 심기를 건드리는 행동은 반복될 가능성이 있다. 아이를 달래고 제대로 양육하는 것은 결코 쉬운 일이 아님을 염두에 두는 엄마의 감정 조절 훈련 역시 중요하다.

초등 1학년인 혜미를 데려다주고 데리러 오시는 어머니가 계신다. 학원과 혜미네 집의 거리가 다소 멀기 때문이다. 어머니를 자주 뵙다 보니 무척 친근하게 느껴지고 혜미에 관한 다양한 이야기를 나눌 수 있었다. 어머니께서는 혜미의 그림 작품을 액자로 만들어서 방과 거실에 걸어주신다고 한다. 그리고 아이가 만든 도자기 연필꽂이, 화분, 접시, 저금통 등을 실용적으로 사용한다고 말씀해주셨다. 그래서 집에 손님이 오면 아이의 작품을 자랑할 수 있다는 것이다. 그러면 혜미는 신이 나서 작품에 관한 설명과 자랑을 죽 늘어놓는다고 한다. 벽에 걸 수 있는 입체 작품들이나 세울 수 있는 작품은 인테리어 효과로도 좋다.

　어머니는 혜미가 미술 활동을 좋아하는 것을 잘 알고 계신다. 아이가 가져온 작품에 관심을 가지고 많이 칭찬해준다고 하신다. 그래서 혜미는 미술 수업을 하면서 "이거 오늘 집에 가져갈 수 있어요?"라고 자주 물어본다. 아이의 기대감을 읽은 나는 그 기분을 충분히 느낄 수 있었다. 그래서 아이의 작품으로 '하우스 갤러리'를 연출하시는 어머니께 더 감사한 마음이 들었다.

　아이들은 수업시간에 오늘 만든 작품을 집에 가져가길 바란다. 아이들이 어떤 결과를 가장 보여주고 싶은 사람은 엄마이기 때문이다. 빨리 엄마에게 자랑해서 인정과 칭찬을 받길 원한다. 아이가 가져온 작품이 솔직히 볼품없거나 엄마 마음에 들지 않더라도 아이의 노력을 홀대하면 안된다. 부모님의 반응이 뜨뜻미지근하다면 아이는 실망할 것이다. 아이의 이런 감정을 알아주지 못한다면 아이는 무엇인가를 완성해서 맛보는 성취감을 점점 잃어간다. 만약 아이의 감정을 자주 헤아려주지 못한다면, 아이는 엄마의 반응을 미리 짐작하여 무엇이든지 그냥 가방 속에 집어넣고 잊게 될 것이다.

2장_우리 아이 감정 조절 골든타임을 잡아라!

0세부터 13세까지 시기별 아이 감정을 이해하기

사촌들은 벌써 자녀를 양육하는 엄마, 아빠가 되어 아이들을 데리고 놀러 온다. 나와 동갑내기 사촌이 딸을 데리고 왔다.

"저 이모 미술 선생님이야. 그림 좀 알려달라고 해봐."

그때 조카는 3~4살 즈음 됐다. 나는 종이와 색연필을 가지고 와서 조카와 그림을 그리며 놀아주었다. 사촌과 나는 "와 대단하다.", "엄마가 이렇게 생겼구나!"라고 호응해주었다. 아이는 신이 나서 아빠도 그리고 할아버지, 할머니까지 그렸다. 그런데 조카는 다른 사람을 그린 후 계속 엄마에게만 들고 가서 자랑하는 것이 아닌가? 역시 엄마의 영향력이 크다는 것을 느꼈다.

주위에 엄마 껌딱지인 조카들을 종종 보곤 한다. 그리고 낯을 가리거나, 다른 사람이 예뻐서 관심을 보이면 울거나 싫어하는 아이를 경험해보았다. 아이가 성장하며 개월 수별, 또는 연령별 감정 발달 단계가 있다. 각 발달 단계에 따라 보이는 특징이 있기 마련인데, 이런 특성을 알고 있다면 아이의 감정을 이해하는 데 도움이 된다.

0~4세의 아기에게 보이는 감정으로는 다음과 같다. 순차적으로 분리불안, 좋은 상황과 싫은 상황에 대한 감정이 나타난다. 그래서 '엄마 껌딱

지'라는 말이 자주 사용되는데, 엄마가 어디를 잠깐 갔다가 다시 돌아온다는 확신을 가지게 해주어야 한다. 엄마가 확신을 주지 못하면 울거나 떼를 쓰며 화난 감정을 표현하기도 한다. 만 4세부터는 감정이 세분되기 때문에 슬프다, 기쁘다, 무섭다, 속상하다 등 아이에게 감정을 알려주는 것이 필요하다.

4세 아이들을 데리고 퍼포먼스 미술 수업을 했었다. 아이들은 많은 양의 솜뭉치를 가지고 다양한 놀이를 하면서 솜의 느낌을 알게 되었다. "아이 좋아", "부드러워", "폭신폭신해", "말랑말랑해" 등의 다양한 느낌과 감정을 표현하는 말을 배웠다. 대상과의 접촉을 통해 촉감과 느낌을 표현하는 놀이 수업을 경험하는 것이 좋다.

5세 이후부터 7세까지 아이는 다른 사람의 감정을 공감할 수 있다. 그리고 자기의 감정을 숨길 수도 있게 된다. 어린이집, 유치원에서 무슨 일이 있었는지 말을 안 하는 경우가 바로 이 때문이다. 엄마가 속상해하거나 자신이 혼날까봐 말을 안 하는 것이다.

다음으로 초등학교 들어가기 전 즈음에는 분노 조절이 가능해진다. 그리고 아이가 창피하다는 것을 느끼는 시기이기도 하다. 그래서 아이가 감정 조절법을 잘 배웠다면 초등학교 취학 후 적응하는 데 무리가 없다.

주의해야 할 점은 6세 이후부터는 무엇이든지 스스로 해보고 싶은 마음을 잘 이해해주어야 한다. 엄마의 입장에서 차라리 "내가 해주는 게 속 편하지."라고 생각하기 쉽다. 아이의 행동이 어설프더라도 참고 기다려야 한다. 하지만 스스로 하고 싶어서 도전하려는 욕구를 완성까지 완벽하게 하길 바라면 안 된다.

유치부 수업 때 6세 세림이는 종종 혼자 힘으로 시도하는 수업을 즐겼다. 아이는 뛰어난 미술 재능을 자랑했는데 힘이 들어도 스스로 완성하길 원하는 줄 알았다. 하지만 아이는 꾹 참고 있었다. 아이에게 부담이 되지 않게 즐기면서, 도전과 시도를 하도록 꾸준하게 질문해야 한다. 그래야 아이의 속마음과 감정을 파악할 수 있다.

초등학생은 본격적으로 사회성이 발달하는 시기이다. 아이는 관심을 받는 것을 좋아한다. 초등 저학년 부모라면 "칭찬은 고래도 춤추게 한다."는 말을 잘 기억해야 한다. 대화하는 것을 좋아하며 상대방의 감정에 관심은 있으나 자신의 행동이 남에게 미치는 영향은 잘 모르는 경향이 있다. 친구들과 감정적 충돌이 많이 일어나기도 한다. 이럴 때는 가장 먼저 아이의 감정에 공감해야 한다. 그 이후에 감정대처법, 훈육에 신경 써야 한다.

아이는 '빈 접시와 같다'는 말이 있다.
그 이유는 가능성이라는 감정을 잘 요리해서 빈 접시를
얼마든지 근사하게 채울 수 있기 때문이다.

초등 고학년 아이들은 호기심도 많고 무엇에서든지 왕성한 활동능력을 자랑한다. 친구들과의 관계를 중요하게 생각하며 친구와 어떤 일이 생겼을 때 상처를 받기도 한다. 부모나 선생님의 잔소리를 듣기 싫어하며 감정이 상했을 때 스트레스를 받는다. 이때는 전두엽이 발달해 가는 시기라서 자기 판단력이 생긴다. 그래서 아이의 감정을 존중해주는 대화법을 사용해야 한다.

연령별로 아이의 감정을 알아야 하는 이유는 연령별 발달단계에 맞추어 아이의 감정도 함께 발달하기 때문이다. 감정 없이는 완전한 인간으로 성장할 수 없다. 인간은 동물처럼 본능에 의해서 행동하지 않고 감정에 의해서 성장, 발전하기 때문이다. 아이는 '빈 접시와 같다'는 말이 있다. 그 이유는 가능성이라는 감정을 잘 요리해서 빈 접시를 얼마든지 근사하게 채울 수 있기 때문이다.

매일매일 하브루타 : 실천하기 4

앞서 언급한 아이의 시기별 감정을 내 아이에게 적용해보세요.

〈예시〉

연령 : 6세 여자아이

특징 : 혼자 무엇이든지 하려고 "내가"를 외치는 아이

아이 감정 이해하기 : 부쩍 스스로 하는 것을 좋아한다. 아이가 과자 봉지를 뜯거나 라면 스프를 뜯어 넣어보고 싶어 한다. 실수할까봐 대신해주곤 했는데 아이가 실수해도 나무라지 말고 혼자 할 수 있도록 기다리고 기회를 준다.

02 영아기 감정 조절, 첫 단추 잘 끼우기

엄마는 아이 감정 조절의 첫 스승이다

우리는 감정이라는 것에 집중해야 한다는 것을 너무나 잘 알고 있다. 현재 내 감정이 어떤가에 따라서 결과가 달라지기 때문이다. 두 가지 예를 들어 비교해보자.

첫 번째 예. 내일 오전에 친구와 쇼핑을 하러 가기로 약속을 했다. 다음 날 오전에 일찍 일어나 예쁘게 화장도 하고 근사한 옷을 입으며 준비를 하고 있다. 갑자기 울리는 전화벨 소리. 친구가 급한 일이 있다며 약속을 취소한다. 지금 감정이 어떤가?

두 번째 예. 친구와의 약속 날, 오전에 눈을 떴는데 몸이 천근만근 무겁다. 춥고 열도 난다. 감기가 온 것 같다. 약속을 지키기 위해 준비를 하고 있는데 친구가 급한 일이 있다며 약속을 취소한다. 지금 감정은 어떤가? 앞서 이야기한 예와 두 번째 예는 상황은 변함이 없다. 단지 내 상황과 감정이 다른 것뿐이다.

감정이란 이렇게 내 상태와 상황, 기분이 어떤가에 따라 달라진다. 이런 감정은 우리가 태어나면서부터 나를 양육해주는 부모에게서 배우며 알게 된다. 엄마와 아이의 관계는 배 속에 있을 때부터 형성된다. 산모가 태교를 중요하게 생각하는 이유는 여러 가지가 있지만, 아이와의 감정 교류가 우선시 된다. 아기가 세상으로 나와서는 엄마를 가장 먼저 만난다. 엄마의 품에 안겨 울음으로 자신의 존재와 감정을 알리는 중요한 시작점이다.

아기는 세상에 태어난 순간 두려움을 느낀다. 엄마가 자기 곁을 떠날까 봐 불안한 감정을 울음으로 표현한다. 누군가의 보살핌으로만 생존할 수 있는 아기는 울음으로 '나를 도와주세요.'를 대신 말한다. 아직 자기 자신을 어떻게 해야 할지 모르기 때문이다. 아기의 모든 감각과 느낌은 다른 사람의 손에 달려있다. 모든 것은 엄마의 감정이 안정되고 편안해야 긍정적인 아이와 엄마 관계가 가능하다. 그래서 현재 엄마의 마음 상태가 어떤지 잘 살펴야 한다. 아이를 행복한 아이로 키우고 어떤 시련으로부터 이겨내도록 강하게 만들어주는 힘은 바로 엄마에게서 나오기 때문이다.

애착은 감정 조절에 영향을 미친다

미국의 심리학자 해리 할로우Harry F. Harlow의 가장 널리 알려진 애착 실험이 있다. 이 연구의 목적은 갓 태어난 새끼 원숭이가 터치touch에 어떻게 반응하는지 알아보는 것이다. 가장 궁극적인 '사랑'에 대해 알아보기 위한 연구였다. 실험은 먼저 갓 태어난 원숭이를 어미로부터 격리하는 것으로 시작된다. 이 격리된 원숭이들은 각각 4마리씩 두 종류의 다른 우리에 들어간다. 한쪽 우리는 철사로만 되어 있고 우유가 나오는 어미가 있다. 다른 쪽은 헝겊으로 덮여 있지만 우유가 없는 어미가 있다. 우리가 주목할 것은 두 우리에서 키워진 원숭이들은 이후 두 어미 중 하나를 선택하게 했을 때, 어느 우리에서 키워졌든 상관없이 모두 헝겊 어미 쪽을 선택했다는 사실이다.

갓 태어난 원숭이도 엄마의 포근한 품과 안정된 환경을 전적으로 신뢰한다는 점을 깨달았다. 하물며 소중한 생명인 내 아기는 엄마의 안정적인 품을 원할 것이다. 애정과 스킨십은 세상에 탄생한 모든 아기에게는 없어서는 안 될 양분인 것이다. 바로 이 시기에 아기의 감정에 커다란 영향을 끼치는 '애착'이 형성되는 것이다.

철학자 아리스토텔레스는 "인간은 사회적 동물이다."라고 주장한다. 인간은 함께 살아가는 존재라는 의미이다. 이처럼 사람은 혼자 살 수 없으며 태어나는 순간 부모와 관계를 맺는다. 그리고 부모와 '애착' 관계가 올바르게 형성돼야 긍정적, 정서적으로 안정된 감정 조절도 가능하다. 감정 조절을 잘하는 아이는 다른 사람과 유연한 관계를 형성하며 사회성이 강한 아이로 자란다.

아동발달 전문가들은 모두 입을 모아 '생후 3년'이 인생에서 가장 관심을 가져야 하는 '애착 형성기'라고 이야기한다. 애착과 감정 조절은 떼려야 뗄 수 없는 관계이기 때문에 아이가 어릴수록 애착 형성에 공을 들여야 한다. 애착은 가장 먼저 엄마와 형성되는 경우가 대표적이다. 그러나 다른 사람이 부모 역할을 대신하는 것으로도 애착 형성이 가능하다. 하지만 애착의 질을 높이는 방법은 부모가 그 역할을 제대로 할 때 최대의 효과를 본다. 그리고 양육자의 반응, 신뢰, 애정에 따라 애착 형성이 극대화된다.

예전에 놀이학교에서 4세부터 7세 아이들의 미술 영역과 관련된 예체능을 담당했다. 요리, 퍼포먼스 미술, 하바 보드게임 등이 놀이 학습에 포함되어 있었다. 또한 넓은 체육관은 아이들이 충분히 뛰어놀고 에너지를 발산할 수 있는 최고의 공간이었다. 아이들에게 놀이학교는 그야말로 재밌게 놀다가 가는 곳이었다.

나는 새로 입학한 30개월 정도 된 아이를 맡게 되었다. 아이가 개월 수는 느리지만, 어머니께서 교육 프로그램과 교사들이 마음에 들어서 보내신 것이다. 어머니는 아이를 너무 일찍 보내서 미안한 생각을 하고 계셨다. 상담을 통해 나는 어머니의 마음을 알고 아이를 조카처럼 잘 보살폈다. 처음에는 분리불안 상황이 있었다. 아이는 엄마와 헤어질 때 눈물을 보이곤 했지만 몇 주 동안 적응 연습을 거친 후에 어느 정도 안정되었다.

사실 아이를 키워본 적이 없는 내가 아이를 잘 적응시킬 수 있었던 이유는, 아이가 울면 안아주고 '선생님은 항상 네 옆에 있어.'라는 안정감을 주었기 때문이다. 또래보다 개월 수가 늦었기 때문에 차별화된 보살핌 전략이 필요했다. 이런 방법은 편애와는 다르다. 왜냐하면, 편애는 개인의 특성을 고려하지 않은 주관적인 애정이고 내가 지도한 방식은 다른 아이들과의 차이점을 고려한 그 아이에게 필요한 애정이기 때문이다. 그리고 보조 선생님이 계셨기 때문에 아이들은 선생님들의 사랑을 골고루 받으며 지냈다. 또래보다 개월 수가 늦었던 아이는 다음 해에 새로운 반에서도 잘 적응했다.

지금 생각해보면 엄마와 떨어져 있어야 했던 아이에게 엄마 대신 애정을 주었다고 생각한다. 그 이후에도 어머니께서 아이를 계속 보내주신 이유는 아이가 놀이학교에서 잘 지냈기 때문이다. 사실 아이에게 "놀이

학교 가는 거 재미있니?"라고 묻고 반응을 살펴보면 알 수 있다. 엄마 대신 누군가 아이와의 시간에 충실했다면 엄마의 빈자리를 잘 채워준 것이다.

대니얼 시겔 박사는 "애착 관계에서 분비되는 호르몬은 아기의 두뇌에 자양분이 되어주고 감정 조절과 관련한 두뇌 중추에 새로운 신경 통로를 구축한다."고 말했다. 출생 이후 부모의 사랑과 친밀감은 아이를 더욱 자신감 넘치는 사람으로 자라게 도와준다는 것이다. 그리고 믿을 만한 대상과의 애착 형성이 없다면, 아기 두뇌의 감정 중추는 적절히 발달할 수 없다고 한다.

영아기 감정 조절을 위해서는 첫 단추를 잘 끼워야 한다. 첫 단추는 부모와 애착 형성이 우선이다. 그 이유는 앞서 말한 것처럼, 애착 형성이 잘 된 아이는 호르몬의 영향으로 뇌의 발달지수가 높기 때문이다. 그리고 부모나 부모를 대신 하는 사람의 애정이 아이의 감정 조절에 좋은 영향을 주기 때문이다. 이런 경험은 아이가 앞으로 누구를 만나든지 어떤 일을 겪든지 스트레스에 유연하게 대처하도록 한다. 그리고 애착 형성이 잘 된 아이는 인간관계가 원만하며 높은 자존감을 형성한다. 영아기 애착 형성은 아이가 성장하면서 다른 사람과 맺어야 할 관계를 어렵지 않게 이끌어주는 견인차 구실을 해준다.

아이에게 로션을 발라주거나 다친 곳에 약을 발라줄 때 따뜻한 사랑의

언어를 함께 사용하나요?

〈예시〉

"우리 (   )이는 코도 예쁘고, 볼도 예쁘고, 눈도 예쁘네!"

03 취학 전 감정 조절이 취학 후 학업 성적을 결정한다

엄마와 함께하는 선행 학교 놀이

"○○ 유치원 졸업한 아이들 보면 잘하지 않아요?"

내가 동료 선생님께 한 말이다. 왜 이런 말을 했을까? 내가 이 유치원 출신의 아이들을 가르쳐보았기 때문이다. 이 말을 한 이유는 그곳 출신 아이들이 한 명도 빼놓지 않고 다 잘한다는 말을 하려는 것은 아니다. 전체적인 분위기가 그렇다는 것이다. 제자들이 6살 때부터 취학 후까지 몇 년에 걸쳐 지켜본 것을 다른 선생님께 말씀드린 것이었다.

"선생님은 애들 커가는 것 다 봤겠어요."
"○○ 유치원이 이 동네에서 소문이 좋다고 하더라고요."

나쁜 소문은 정말 급속도로 퍼져서 모르는 사람이 없다. 그러나 좋은 소문은 그렇게 빨리 퍼지지 않으며 지속적인 긍정 평가로 인해 오래 남는다. 소문난 맛집을 찾아갈 때도 그렇다. 인기가 많아서 직접 가보니 맛이 없거나 서비스가 엉망이어서 실망한 경우가 있을 것이다. 실망했다면 다음부터 그 집에 가지 않는다.

나는 아이들을 가르치다 보니 제자들과 관련된 학습과 교육기관이 중요하다는 것을 알았다. 엄마라면 분명 더 민감할 것이며 내 아이의 바른 성장과 학습을 위해 좋은 교육기관을 찾을 것이다. 이 유치원을 2년에서 3년 정도 다닌 아이들은 초등학교에 입학해서 학업 성적이 우수하기도 했다.

자녀가 있는 친구들만 보아도 더 좋은 환경으로의 이동을 서슴없이 결정한다. 한 교육기관에 아이를 오래 보내는 이유는 모두 다르겠지만 분명 그 이유 중에는 긍정적인 요인이 많을 것이다. 이 시기에 필요한 정서적 학습, 즉 예체능과 관련된 다양한 학습과 미래 사회를 이끌 인성교육 및 창의적인 교육을 제대로 했을 것이다. 그리고 아이들이 잘한다는 것은 공부를 잘한다고 말하는 것이 아니다. 전체적인 아이의 바른 태도, 성격, 분위기, 감정 조절 능력을 말하는 것이다.

취학 전에 2~3년 보내는 유치원의 영향도 이렇게 중요한데, 하물며 부모의 영향력은 더 크지 않을까? 그래서 부모는 학교에 대한 좋은 생각을 심어주도록 아이와 대화를 많이 나누어야 한다. 그리고 취학을 위한 선행학습이 필요하다. 내가 말하는 취학을 위한 선행학습은 공부만 생각하는 교육보단 부모와 함께 경험하고 대화로 풀어가는 교육을 말한다.

초등학교에 입학하는 것은 아이의 첫 사회 데뷔이다. 입학 예정인 학교를 아이와 같이 가보는 것을 추천한다. 교실, 화장실, 급식실 등을 둘러보면서 아이가 무엇을 느끼는지 물어보며 대화한다. 이런 경험은 학교의 시설이 어떤지 부모 역시 둘러볼 좋은 기회이다. 아이가 교실에 앉아서 열심히 공부하는 상황을 연출해보면 아이는 즐거우면서 기대도 된다. 수업시간에는 조용히 해야 한다는 것도 이때 일러주면 아이는 그 상황을 말로 들었을 때보다 잘 이해할 것이다.

앞서 이야기했지만, 미술 활동은 초등학생 부모가 간과하면 안 된다. 오리고, 붙이고, 그리는 정도는 할 수 있도록 집에서 도구를 사용해야 한다. 예를 들어 아이에게 물풀을 건네주면 난리가 난다. 이런 것은 엄마가 평상시에 집에서 재료 사용방법을 잘 이해시켜주어야 한다.

보통 7세까지는 유치원, 놀이학교, 어린이집 등에서 자유로운 수업이 주를 이룬다. 조금은 북적거리고 이야기 소리가 많이 들리는 수업을 경험했을 것이다. 발표하는 시간에는 서로 자유롭게 말하며 아직 정리되지 않은 생각들을 표현했을 것이다. 하지만 학교에서는 규칙이라는 것이 적용되기 때문에 엄마가 미리 설명해주어야 한다. 그리고 학교생활이 재미있을 것이라는 호기심을 심어주어야 한다. 심리적으로 아이는 많이 떨리고 긴장되어 있을 수 있다. 평소 대화하는 시간에 '미리 상상해보는 학교생활'에 대해 이야기를 해보자. 그리고 부정적인 말을 많이 하지 않도록 하자. "그 학교 선생님은 무섭다더라."라던가 "말을 안 들으면 선생님께 혼날 수 있어."라는 생각을 갖지 않도록 주의한다.

학교생활에 있어서 정숙해야 하는 시간이 있다. 선생님이 필기하고 있을 때를 틈타 장난치거나 큰 소리로 떠드는 아이들도 있다. 이런 것들을 아이의 감정을 공감해주면서 설명해주어야 한다. 유치원 수업은 자유롭게 큰 소리로 말하고 대화했지만, 학교에서는 조용히 하는 시간이 있다고 설명해주어야 한다. 이때 아이의 마음을 안정시켜주는 것이 필요하다. "네가 유치원 수업시간에는 큰 소리로 말했지만, 학교에서는 수업시간에 질문 외에 조용해야 하는 수업시간이 있어."라고 알려주어야 한다.

여자아이는 너무 예쁘게 치장해서 보내는 것보다 적당하게 꾸며서 보내야 한다. 아이가 치장이 많아서 활동에 지장을 받을 수도 있기 때문이

취학 전에 아이와 대화를 습관화해야 한다.
습관의 힘은 놀라운 아이의 변화를 만들기 때문이다.

다. 꾸미는 것을 좋아하는 아이라면 감정이 상하지 않도록 잘 설명해준다. 꾸미기를 위해서 일찍 일어나야 하고 장식한 것이 마음에 들지 않으면 아침부터 기분과 감정이 상할 수 있기 때문이다.

　남자아이들은 청결하게 다닐 수 있도록 자신의 몸을 깨끗하게 하는 연습을 해주어야 한다. 이때 아이가 씻는 것을 귀찮아하면 관련된 동화책을 읽어줘서 교훈을 얻는 방법을 이용한다. 직설적이고 부정적인 말은 피한다.

"왜 이렇게 지저분하니."
"안 씻으면 친구들이 놀린다."

　이보다는 청결하면 친구들에게 호감을 줄 수 있고 보기에도 좋다고 설명해야 한다. 선행 학교 놀이는 취학 전에 꼭 해봐야 한다. 그리고 엄마는 거기에 보태는 잔소리보다는 환경의 변화를 겪을 불안한 아이의 '감정'에 더 중점을 두어야 한다. 취학 전 아이들은 학교생활에서 지켜야 할 사항은 알고 있지만 내가 그렇게 꼭 해야겠다는 행동으로 이어지기 어렵다. 그래서 취학 전에 아이와 대화를 습관화해야 한다. 습관의 힘은 놀라운 아이의 변화를 만들기 때문이다.

부모의 가르침으로 아이 자존감 키우기

"배움은 미래를 위한 가장 큰 준비이다." 아리스토텔레스가 한 말이다. 아이를 배움으로 인도하는 대표적인 곳은 학교이다. 교사는 학교에서 학생의 영역별 활동 및 태도와 노력에 따른 행동 변화에 대해 관찰하고 평가한다. 아이가 시작하는 첫 사회생활인 것이다. 학교는 아이가 객관적으로 평가받는 무대이기 때문에 학교생활을 잘 적응시키기 위한 연습이 중요하다. 습관은 하루아침에 생기지 않는다. 꾸준하게 취학 전부터 엄마의 가르침을 받은 아이는 학교에 가서도 잘 적응할 것이다. 학교에 적응하지 못하고 스트레스를 받는 이유는 자신의 잘못된 행동으로 인해 생기는 경우가 많은데, 특히 자신의 감정 조절을 잘 못해서 생긴다.

아이는 배우지 않은 것은 잘 모른다. 하지만 부모는 학교에 다녀봐서 큰 그림이 그려질 것이다. 이런 경험을 바탕으로 생각날 때마다 아이와 대화를 하는 것이 중요하다. 아이와 대화를 통해 학교에 관한 생각이나 감정을 알게 됐다면, 엄마의 부드러운 태도와 말, 아이의 감정을 공감해주는 표현이 필요하다. 감정 조절이 잘 되는 행동에 대해서는 충분히 칭찬해줘야 하고 학교생활을 훌륭하게 할 수 있다고 긍정적인 말을 많이 해준다.

취학 전 엄마의 이런 가르침을 받은 아이는 자존감이 높아진다. 자존감이 높아진 아이가 담임 선생님께 칭찬받아 자신감이 상승한 모습을 상상해보자. 좋은 감정과 좋은 느낌이 들어 학교생활을 한다면 또래 친구들과의 사이도 좋을 것이다. 학교에서 배우는 공부가 재미있어지고 좋은 성적도 예상된다. 그러면 엄마도 행복한 미소가 절로 지어질 것이다.

미국 예일대 심리학과 피터 샐로비 교수는 뇌 연구를 통해 이성적인 결정이나 문제해결 작업을 할 때 감정적인 요소가 개입된다고 한다. 사람이 친구를 사귀고 학교생활, 직장생활을 할 때 정서 지능이 미친다고 강조한다. 정서 지능이란 무엇일까? 감정을 인식하고 이해하며 이를 조절하고 통제하는 능력을 정서적인 능력이라고 한다.

감정 조절 능력은 학업 성적이 우수한 학생들에게서 많이 보인다는 연구결과가 있다. 집중력, 도전의식, 인내심이 높은 아이가 공부도 잘한다는 이야기다. 감정 조절이 어느 정도 연습이 된다면 취학 후 아이의 학업 성적 또한 기대해볼 만하다.

아이가 입학할 학교에 미리 가보세요.

그리고 아이에게 질문을 해주세요.

- 학교 가는 길에 횡단보도가 어디 있을까?

- 등교하는 시간에 차들이 많이 다닐까?

- 집에서 학교까지 얼마나 걸릴까?

- 학교에 와보니 느낌이 어때?

- 교실과 화장실 위치를 살펴볼까?

- 네가 자주 이용하는 것은 어떤 것들이 있을까?

- 교실에서 네 자리는 어디일 것 같니?

- 선생님께 칭찬을 받았다고 생각해볼래? 기분이 어떨 것 같아?

04 감정 조절에 강한 아이는 학교생활에 걱정이 없다

모범적인 부모의 모습 보여주기

쌍둥이 남매를 둔 친구는 자녀가 자존감이 높은 아이로 자라줘서 무척 행복하다고 전한다. 이제 초등 2학년인데 학교생활을 잘 해내고 있어서 뿌듯한 눈치다. 하루는 딸이 친구와 말다툼하는 모습을 봤나 보다. 어느 순간 딸이 입을 다물고 친구와의 말다툼에 신경을 안 써버렸다는 것이다. 아이가 입씨름에 밀린 것인가 하고 말을 그만둔 이유를 물어보았다고 했다. 딸은 이렇게 얘기했다고 한다.

"내가 한마디 하면 친구가 또 한마디 하고 또 내가 한마디 하면 친구가 또 해서." 계속 되풀이되는 얘기를 하게 되니 그만두었다는 것이다. 내 친구는 아이가 아직도 아기 같다고 생각했는데 이런 이야길 들려줄 때마다 성장해가는 모습에 놀란다고 한다.

쌍둥이네 가족은 주말에 야외활동을 많이 한다.
"나 평창 가는 길이야. 차 많이 밀리네."라며 아이들을 데리고 동계올림픽을 기념하기 위해 놀러 간다는 것이다. 이들 부부는 아이들과 경험하는 활동을 많이 한다. 아이들이 자연스럽게 문화와 환경을 배우고 더불어 자연 체험을 많이 하게 된다.

친구는 자녀 양육을 위해 회사를 그만두었지만, 지금은 주부로서 전성기를 보내고 있다. 친구의 아들, 딸이 잘 성장하는 이유는 바로 엄마의 영향력이 크기 때문이다. 친구는 집에서 아이들과 함께 미술 놀이를 해주며 자신의 전공을 살려 놀아준다. 아이들이 학습한다는 생각보다는 엄마랑 논다는 생각이 들게끔 함께한다.

친구는 이뿐만 아니라 창의 수학, 플라워 아트, 비누공예, 독서 등 자기계발을 꾸준히 한다. 억지로 하는 것이 아닌 자기가 좋아하는 것을 배우며 아이들에게 보여주는 것이다. 이런 모습은 자녀에게 긍정적이고 효과적인 영향을 미친다. 그런데 신기한 것은 친구의 아이들이 일찍 한글도 깨우쳤다는 것이다. 게다가 잘못한 일이 있어 혼이 난 후에도 아이들은 자기 할 일은 잘한다고 말해주었다. 친구는 자녀의 양육을 위해 노력하며 자존감이 높은 아이로 잘 키운 것에 만족감을 표현했다.

감정 조절이 잘 되는 아이는 마음의 평정심이 무너지지 않는다. 무슨 일이 있어도 감정에 휘둘리지 않고 자기 할 일을 해나가는 것이다. 이런 아이들은 학교에서 친구들과 크게 틀어질 일이 없고 공감하는 능력도 뛰어나 인기가 많다. 주도적이거나 주체적으로 성장하는 발판을 다지는 밑거름이 된다. 이런 아이로 성장하기 위해서는 아이가 태어난 후 몇 년은 엄마가 아이 옆에 있는 것이 좋다. 엄마의 노력으로 아이는 감정 조절에 강해지며 어느 곳에서든지 안정적으로 잘 적응한다.

인터넷 검색창에 '학교생활'이라는 단어를 입력해보았다. 보이는 것을 적어보겠다.

'자퇴 vs 학교생활'
'학교생활이 좀 힘들어요.'
'같이 다니는 친구 한 명 때문에 학교생활이 지옥 같아요.'

어떤 생각이 드는가? 우리 아이들이 학교생활을 잘한다고 생각하지만 고민이 많은 것이 현실이다. 인터넷에 글을 올린 학생은 초등 고학년이거나 중학생 이상이다. 그런데 이런 고민을 갖게 된 원인은 바로 아이들이 어린 시절에 제대로 된 방법을 배우지 못했기 때문이다. 그리고 피해를 준 학생 또한 자기의 감정을 조절하지 못해서 잘못된 방향으로 표출하고 있는 것이다.

그렇다면 아이들이 감정을 잘 다스리도록 하려면 어떻게 해야 할까?

아주대병원 조선미 교수는 "아이의 감정을 있는 그대로 인정해주되, 행동은 잘 통제해야 한다."고 강조했다. 요즘은 '감정코칭', '마음 읽기'가 유행이 되면서 많은 엄마가 감정을 읽어주는 것에 대해 잘 안다. 그러나 행동을 통제하는 부분엔 신경을 쓰지 않는다. 그러나 조 교수는 '마음 읽기'를 아무 때나 하는 것이 아니라고 강조했다. 그리고 '행동 통제를 한다.'는 부분도 놓치지 말아야 한다고 강조했다.

많은 엄마가 감정을 읽어주는 것은 잘한다. 그런데 이후에 나오는 아이의 반응에 따라 행동 통제를 어려워하는 경우가 있다. 아이는 요리조리 피해가려고 할 것이다. 하지만 엄마는 아이의 행동이 잘못됐다고 생각이 들면 단호한 모습이 필요하다. 구구절절 긴 설명 또한 아이의 통제에 역효과를 부르고 통제하지 못하는 경우에는 행실이 부적절한 아이로 내버려두는 결과가 온다.

감정 조절, 사회성 형성을 위한 기초공사

초등학교 시기는 본격적으로 사회성을 알게 되는 시기이다. 아이는 친구들과 함께하는 활동을 좋아하고 규칙이 정해진 놀이를 통해 경쟁심도 느끼게 된다. 이기고 지는 것을 배우며 실망감과 성취감을 맛보는 시기이다.

엄마 품을 떠나서 작은 사회인 학교로 들어갈 때 꼭 필요한 능력이 감정 조절이다. 담임선생님과 반 친구들과 새로운 만남, 학원에서 사람들과 만남, 모든 것이 엄마 없이 타인과의 관계를 맺어가는 시기이다. 타인과의 관계가 연결된 초등학교 시기의 감정 조절 능력은 그래서 중요하다.

감정 조절을 잘하면 어떤 좋은 점들이 있을까?

첫째, 친구와 성공적인 관계를 맺을 수 있다. 아이를 지도하다 보면 새로 사귄 친구와 아주 친해진 경우에는 함께 만나서 놀고 싶어 한다. 그래서 친구와 미술을 함께 배우고 싶어 같이 학원에 등록하는 경우가 많다. 둘은 단짝 친구처럼 다른 학원도 같은 곳으로 다닌다. 단짝 친구와의 든든한 관계는 초등학교 시기 혹은 그 이상으로 서로 힘을 주고받는 긍정적인 효과를 보인다.

둘째, 다른 사람의 제안, 의견을 융통성 있게 받아들인다. 내가 중심이 되었던 생각을 접고 타인과의 대화를 통해 협상과 타협이라는 의미를 받아들인다. 학원에서 수업하다 보면 아이는 제안을 받는 경우가 있다. "바

뒷받침되는 부모의 칭찬과 격려가
아이를 더 높은 곳으로 날아갈 수 있게 하는 힘이 된다.

다를 표현했으니까 하늘에는 갈매기를 그려보는 것은 어때?" 갈매기를 멋지게 그리고 그림의 완성도를 높여주는 아이도 있고, 싫다며 아무것도 그리지 않는 아이도 있다. 모두 잘못된 행동은 아니다. 그러나 제안을 받았을 때 상대방을 수용하는 자세가 관계 형성에서는 더 좋은 영향을 준다.

제자 중에 사회성이 좋은 아이가 있다. 수업 시간에 다른 사람의 말을 듣고 나서 공감을 잘한다. 대화를 이어나갈 때 리더십을 보여주기도 한다. 주제에 관한 그림을 그리며 친구들과 질문, 토론할 때 아이들은 리더십 있는 아이의 영향을 많이 받는 편이다. 신뢰감과 긍정적인 자아상이 보여주는 효과라고 생각한다.

감정 조절에 강한 아이는 학교생활에 걱정이 없다. 학교 가는 것을 즐기는 아이라면 무척 잘 성장해나가고 있는 것이다. 학교에서는 아이들에게 개인 맞춤 서비스라는 것은 존재하지 않는다. 아이들이 작은 사회에서 자생력 있게 생활해나갈 수 있으려면 감정 조절은 가장 우선이 되어야 한다. 그리고 뒷받침되는 부모의 칭찬과 격려가 아이를 더 높은 곳으로 날아갈 수 있게 하는 힘이 된다.

아이가 문제를 맞히지 못해 상품을 못 탄 상황입니다.

상처를 받은 아이에게 엄마가 해줄 수 있는 말은 무엇일까요?

어떤 이는 '대나무의 마디'를 상처라고 한다. 또한 고목의 썩은 부분도 상처다. 상처라는 말은 분명 존재한다. 그러나 상처를 '비 온 후의 땅이 굳어지는 경험'으로 삼을 수도, '트라우마'의 저장고에 가둬 자신을 생채기 내며 상대를 원망하는 기제로 사용할 수도 있다. 상처는 '입어서 다치고, 끝내 자신을 파괴하는' 고목의 썩은 부분이 되어서는 안 된다. '대나무의 마디' 같은 상처, 성장을 위한 디딤돌로 사용되어야 한다.

〈출처 : 임영주 부모교육연구소의 부모 길라잡이〉

05 13세 이전까지의 감정 조절에 집중하라

예체능 학습으로 감정을 발달시키자

EBS 〈아이의 사생활〉에서 전문가들은 초등학교 시기는 수학이나 영어, 국어 등 학습에 집중할 것이 아니라 풍부한 경험과 예술적인 영역 그리고 인성을 위한 사회적 규약을 가르치는 시기로 삼아야 성숙한 어른이 되는 기초가 쌓인다고 충고한다.

미술, 운동, 음악, 무용학원을 다니거나, 기타 클럽 활동을 하는 아이들을 보아왔다. 신기하게도 예체능 학습에 흥미를 느끼는 아이들은 활기차고 배우는 시간을 즐긴다. 예체능을 배우는 아이는 따분하거나 달달 외워야 하는 공부라고 생각하지 않기 때문이다. 태권도장에 다니는 아이는 토요일에 국기원으로 가서 심사를 본다며 내 앞에서 태권도 동작을 보여주었다. 어떤 아이는 발레 선생님처럼 춤을 잘 추는 아이돌 가수가 되고 싶다고 이야기한다. 동생과 함께 야구를 배우는 아이는 자기보다 동생이 더 잘한다며 칭찬하기도 한다.

이런 아이들의 공통점은 모두 원하는 것을 배우고 있다는 것이다. 아이들은 초등학교 시기에 달달 외우는 공부가 아닌 직접 행동하고 느끼는 활동으로 올바른 학습을 하고 있다.

이런 예체능 교육이 주는 장점은 다음과 같다.

첫째, 정형화된 기준에서 벗어날 수 있다. 예를 들어, 핑크색은 여자 색, 파란색은 남자색이라는 의식의 변화를 이룰 수 있다. 게다가 자신의 감정, 생각을 정해진 틀 없이 자유롭게 표현할 수 있다.

둘째, 창의력이 좋아진다. 미래사회에서는 이제 창의력이 가장 큰 경쟁력이다. 어떤 학습에서든지 암기식, 주입식이 아닌 직접 그리고, 운동하고, 악기를 다뤄보며 경험하므로 아이들에게 생각하는 능력, 즉 창의성을 키워준다.

셋째, 감성이 발달한다. 다양한 예체능 활동으로 내 감정을 표현할 수 있는 장점이 있다. 검은색 사람을 표현한 제자가 생각난다. 이유를 물어보니 엄마에게 혼나서 검게 타버린 자신이라고 말해주었다. 하지만 아이는 붉은 하트 모양 심장을 가슴에 그려주었다. 심장은 희망과 사랑이라는 메시지를 표현한 것이다. 이렇게 자신이 가진 감정을 그림으로 풀어내는 연습을 반복하면 사춘기나 스트레스에 노출된 상황에서 감정을 치유하는 데 도움이 된다.

뇌과학자 정재승은 말한다. "전전두엽은 인간을 인간답게 만드는 고등한 영역이다. 이 영역이 하는 일은 13살부터 아주 급속도로 발달한다. 이 영역은 제일 먼저 상황을 파악하고 다음 행동을 결정하는 일을 한다. 자기가 할 수 있는 행동 중에서 가장 적절한 행동이 무엇인지를 고르는 게 이 영역이 하는 일이다. 상황을 파악하고 적절한 행동을 하는 것 말고도, 책을 읽고 깊이 있게 이해를 하거나 머릿속으로 뭔가를 떠올려보거나 비판적으로 사고하는 일 등은 다 전전두엽에서 벌어지는 일이다. 도덕적인 윤리관도 거기서 만들어진다."

이 말의 내용을 생각해보면 13살부터 뇌의 발달이 급속도로 이루어지고 한층 더 업그레이드된다. 그렇다면 13세 이전에 감정 조절이 이루어지지 않았다고 생각해보자. 그렇다면 평균적으로 발달하는 뇌에 맞추어서 감정을 조절하는 능력도 발달해야 하는데, 이 감정 조절능력이 부족한 아이는 뇌가 고르게 발달하지 못한다. 상황을 파악하고 다음 행동을 결정하는 일은 감정이 한다.

이것은 인지행동과 밀접한 관계가 있다. 쉽게 설명해서 아이가 스트레스를 받으면 어떤 감정을 느껴 문제행동으로 표출하는 것이다. 감정 조절능력이 부족하다면, 외모는 그 나이대로 비슷하게 보이지만 아이의 진짜배기가 되어야 할 내면은 성숙하지 못한 채로 있는 것이나 다름없다. 이것은 13세 이전, 즉 초등학교 시기에 감정 조절이 중요하다는 것을 의미하기도 한다.

학령기는 인간 발달의 8단계 중 50%를 차지한다

초등학교 시기에 왜 감정 조절에 집중해야 할까?

그 이유는 초등학교 시기에 한 번 형성된 기본 성향 및 감정 조절 능력은 이후에 고치기 힘들기 때문이다.

발달 심리학자 에릭슨Erikson에 의하면, 인간이 태어나서 죽을 때까지 발달 과정을 8단계로 나눈다.

① 유아기 ② 초기 아동기 ③ 학령 전기 ④ 학령기 ⑤ 청소년기 ⑥ 초기 성인기 ⑦ 중 · 장년기 ⑧ 노년기다. '학령기'까지가 8단계 중 50%를 차지하고 있다. 이 시기까지가 모두 13세 이전에 포함돼 있다.

그리고 아이를 '독립적 인격체'로 성장시키기 위해서는 13세 이전 시기를 잘 보내야 한다. 유대인 부모는 아이를 성공한 사람으로 만들기 위해서가 아니라 '주체적인 삶의 주인'으로 성장시키는 교육방법을 고수한다. 13세가 되면 아이를 온전한 성인으로 인정하여 간섭하지 않고 자녀의 뜻을 존중한다. 유대인 중 존경받는 인물이 많은 이유는 바로 이런 전통교육 방식에 해답이 있다.

13세 이전에 부모와 애착 형성이 잘 되면 감정 조절능력은 저절로 따라온다고 해도 과언이 아니다. 13세 이후에 감정 조절능력이 발달한 아이는 사춘기를 잘 보낸다. 아이들은 사춘기 때 특징은 속을 알 수 없고 독특한 행동을 많이 한다. 초등학교 시기에 부모와 애착이 잘 형성된 아이들은 사춘기라는 시기에도 많은 대화를 나누어 올바른 방향으로 성장한다. 부모는 제대로 된 감정 조절 교육으로 아이가 자립할 수 있게 준비를 시켜주는 것이 좋다. 아이가 자립하여 스스로 도전하는 삶에서 성공과 행복이 있기 때문이다.

그래서 어릴 때부터 감정 조절 연습이 필요하다. 엄마는 아이가 화를 냈을 때 행동에만 초점을 두지 말고 그 행동을 하게 된 이유를 알아야 한다. 감정 조절이 어려운 이유는 어렸을 때부터 부모에게 자주 감정을 공감 받지 못했기 때문이다. 그리고 아이가 경험을 통해 어떤 감정을 느꼈다면, 옳은 행동으로 이어질 수 있도록 끊임없이 대화하고 지도해야 한다. 잔소리처럼 들리는 말투는 안 하느니 못하다. 체벌은 생각도 하지 말아야 한다. 잊지 말자. 꾸준하게 습관처럼!

수업 중에 남자아이들이 다툰 적이 있다. 잠시 자리를 비우고 상황이 어떻게 진행됐는지 몰랐을 때는 우선 좀 덜 흥분한 아이에게 먼저 물어본다. 왜냐하면, 흥분한 아이에게 먼저 물어보면 감정 조절이 안 되어 상황을 있는 그대로 바라보는 것이 아니라 자기감정에 치우쳐 느낀 대로 전할 수 있다. 그러면 나쁜 말을 사용해서 상대방을 공격하고 상황을 악화시킬 수도 있다. 올해 9살 된 아이가 자초지종을 설명해주었다. 한 아이가 가지고 온 장난감 칼에 자기의 몸이 맞아서 기분이 나빴다고 한다.

사소한 실수로 시작해서 싸움으로 번지는 이런 일이 있을 땐 우선 선생님의 나지막하고 단호한 말투가 필요하다. 싸우면 둘 다 아프고 감정이 상하는 행동이라고 말해주면서 싸웠을 때 기분이 어땠는지 물어본다.

아이들은 각자의 기분을 말한다. 민규는 장난감 칼로 처음 맞았을 때 아프진 않았는데, 친구가 칼을 휘두를 때 신경이 쓰였단다. 아니나 다를까 칼이 민규 몸에 맞은 것이다. 그래서 민규는 화를 내면서 상대 아이가 기분이 상할 말을 했다. 그래서 서로 밀치고 싸움을 벌인 것이었다. 칼을 휘두른 아이는 본인이 휘두른 칼에 친구가 맞은 것을 미안하게 생각했지만 나쁜 말을 들으니 화가 났다는 것이다.

서로 느낀 감정을 이야기하니 상대방의 기분을 어느 정도 이해했다. 아이들은 경험을 통해서 슬픔, 화, 두려움, 기쁨, 외로움 등 다양한 감정을 만나보아야 한다. 그리고 이런 경험들은 성장하면서 겪어보아야 한다. 그래서 그것을 느끼고 스스로 조절할 줄 안다면 다음 단계를 위한 성장에 도움이 되고 결과적으로 감정 조절에 유연한 어른으로 자란다.

청소년기는 뇌의 발달과 동시에 호르몬의 변화도 이루어진다. 그래서 성인으로 나아가는 과도기다. 인지적, 신체적, 사회적, 정서적으로 변화하는 시기다. 이러한 성장 과정이 통합될 때 아이들은 촉진제를 맞은 것처럼 성장이 극대화된다. 그래서 다가올 청소년기의 효과적인 성장촉진을 위해서는 13세 이전까지의 감정 조절이 아주 중요하다.

다음은 '과학기술정보통신부'의 공식 홈페이지에 나오는 내용이다.

"수천 년 전 건설된 로마의 건축물이 상당수 지금까지도 멀쩡하게 기능을 하며 존재한다. 하지만 더 놀라운 사실은 바다에 건설된 건축물까지 남아 있다는 것이다. 세월의 흐름으로 노후가 되는 것은 피할 수 없는데 어떻게 이런 일이 가능할까? 바로 건축물을 지을 때 사용한 재료에 비밀이 있다. 로마인들은 현재의 콘크리트와 달리 바닷물에 노출되면 더 강해지는 콘크리트를 만들어냈다."

생각해보면 '바닷물'이라는 환경적 요인은 아이가 느끼는 '감정 조절이 어려운 상황'이다. 이런 상황을 극복하기 위해 엄마는 로마인이 독특하게 만들어낸 '새로운 콘크리트' 같은 '양육'을 해야 한다. 즉, 감정 조절 코칭을 내 아이에게 맞춤식으로 해야 한다는 의미다. 아이가 어떠한 환경에 처했을 때 스스로 알아서 감정을 조절할 수 있도록 말이다. 왜냐하면, 감정 조절에 유연한 아이는 새로운 상황에 휘둘리지 않기 때문이다. 그것이 좋은 상황일 때는 마음껏 기뻐하면 되지만 나쁜 상황이라면 더욱더 감정 조절을 잘해야 지혜롭게 해결할 수 있기 때문이다.

매일매일 하브루타 : 돌발 퀴즈 5

13세 이전까지 엄마가 가장 신경 써야 하는 것은 무엇인가요?

06 아이의 감정에 휘둘릴 것인가, 다스릴 것인가?

현명하게 화내는 방법

트라우마 및 심리 치료 전문가 권혜경 박사는 이렇게 말한다.

"감정 조절은 부정적인 감정을 억제하는 것도, 느끼고 싶지 않은 감정을 마비시키는 것도 아니다. 모든 감정을 느끼되 그에 압도되거나 휩쓸리지 않는 것이다"

아이의 감정 연습은 어렸을 때부터 아니, 태어났을 때부터 시작된다. 아기가 엄마의 품에 안기는 순간부터 양육자는 아기의 건강한 성장을 위해 즉각적인 반응을 해준다. 그리고 유아기와 아동기를 거쳐 발달단계에 따라 신속하고 주의 깊게 아이 감정에 응해야 한다. 하지만 무엇이든지 내가 마음먹는 대로 되는가? 아이의 감정을 모르고 놓치는 부분이 있다면 분명 아이는 현명하고 지혜로운 존재이기 때문에 그것을 겉으로 강하게 표현한다. 아이가 표현한 감정을 엄마가 느끼고 '우리 아이가 왜 이럴까?'를 생각할 것이다. 바로 그 생각에 답이 있다.

"우리 애는 너무 소극적이야.", "우리 애는 너무 떼를 써.", "우리 애는 겁이 많아." 등 아이가 무엇을 느끼는지 행동이 어떤지 알지만, 그것을 아이가 해결하도록 용기, 격려를 해주는 방법에 대해서는 자세하게 알지 못한다.

갓 7세가 된 삼총사 남자아이들이 있다. 6세 때부터 남자아이들의 에너지와 귀여움을 동시에 느끼며 수업을 했다. 유치원을 함께 다니는 아이들은 차량을 이용하기 때문에 같은 시간에 미술 수업을 하러 온다. 삼총사 중 한 아이인 성준이는 유독 조용한 편에 속한다. 그래서 함께 유치원을 다니는 나머지 두 친구는 성준이를 놀리곤 했다.

"선생님, 쟤는 아기예요. 말도 잘 안 해요."

나는 친구들의 말에 상처를 입었을 아이를 위해 이야기를 시작했다. 우선은 아이들에게 내 생각을 전달했다.

"어떤 사람을 아기라고 하지?"

"응애 울고 엄마 찌찌 먹는 사람이요."

"그러면 친구가 아기 같다고 말했는데, 친구한테 한번 물어볼까? 응애 울고 찌찌 먹는지?"

이 말을 듣던 성준이가 고개를 절레절레 흔든다. 그리고 놀리던 친구는 다시 말을 이었다.

"쟤는 말도 안 해요. 아기는 말을 못 하잖아요"

나는 성준이에게 눈을 맞추고 말했다.

"우리 성준이가 정말 말을 못 해?" 아이는 다시 고개를 절레절레 흔든다. 아이는 말을 안 하는 것뿐이지 다 알아듣고 있는 것을 누구나 알 수 있었다. 성준이에게 용기를 줘야겠다고 생각했다.

"우리 성준이가 말을 안 해서 친구들이 잘못 알고 있네."라고 말해주었다. 친구들이 오해하지 않도록 앞으로는 말로 대답하자고 약속했다. 성준이는 고개를 끄덕이려다가 "네."하고 작은 목소리로 대답했다.

"성준아 친구들에게 이렇게 말해볼까? '나는 너희가 아기라고 놀려서 기분이 나빠. 그러니 다음부터는 이름을 불러줘.'"

성준이가 따라 했다.

"나는 너희가 아기라고 놀려서 기분이 나빠. 그러니 다음부터는 이름을 불러줘."

이 방법은 '나 전달법'이다. 내 기분을 전달하고 현명하게 화를 내는 방법이다.

내 마음속에서 자그마한 감동이 크게 퍼지는 느낌을 받았다. 그래서 나는 수업시간마다 성준이와 말로 주고받는 연습을 꾸준히 했다. 갑자기 많은 말을 하면 성준이도 스트레스를 받을 수 있다. 차근차근 아이가 말하는 횟수를 늘리는 것이 중요하다. 나머지는 시간문제이다. 성준이 어머니께 집에서 아이가 말을 많이 하는지 여쭈어보았다. 집에서는 부모님과 이야기를 곧잘 한다고 전하셨다. 아이는 아직 경험이 없으므로 잘 모른다. 질문이나 모르는 것에 두려움을 느끼기 때문에 말로 표현하는 것이 더 어렵다. 나는 수업시간에 지속해서 질문하고 성준이가 생각을 말로 전하기를 기대했다. 이것은 전혀 어렵지 않다. 오히려 아이에게 관심을 안 보이는 사람이 더 이상한 것이다. 15년 경력을 자랑하면 이 정도는 습관처럼 몸에 배야 한다.

성준이는 미술 수업이 재미있다며 엄마에게 횟수를 늘리고 싶다고 말했는가 보다. 그리고 내가 질문을 할 때 자주 입 밖으로 대답하는 경우가 많아졌다. 우리도 주위를 보면 말이 많고 수다스러운 사람이 있고 조용한 사람이 있다. 다양한 성향의 아이들이 서로의 성격을 존중하도록 어른이 알려주어야 한다. 어떤 행동이 옳은지 그른지, 아직 성숙하지 못한 어린아이의 생각은 오해를 부른다. 엄마는 아이가 경험을 통해 느낀 감정과 행동에 관심을 두고 올바른 방향으로 잡아주어야 한다.

엄마표 맞춤식 감정 양육

부모는 내 아이가 최고가 되고 다른 아이들보다 더 뛰어나길 원한다. 우리는 급격한 경제 성장으로 인한 물질과 성과 위주의 시대를 거쳐 자라왔다. 현재의 부모들도 역시 그렇게 성장했고 많은 경쟁 속에서 남보다 더 잘나가고 성공하기 위해 부단히 노력한다.

그렇다면 어떻게 사는 것이 성공한 인생일까? 우리는 그동안 많은 비교를 당하며 살았다. 눈앞에 보이는 결과와 성과에만 집중하며 살고 있지 않은지 생각해보자. 우리는 어떻게 살아야 하며, 내 아이를 어떻게 키우는 것이 진정한 성공이고 가치 있는 인생일까를 생각해보아야 한다.

모든 사람은 다르다. 개인만의 고유한 특징은 점수를 매길 수 없다. 그것은 아이들에게도 똑같다. 아이는 모두 다르다. 화가 났을 때 참는 아이, 눈물을 보이는 아이가 있다. 배가 고플 때 아무거나 잘 먹지만, 잘 먹지 않고 투정 부리는 아이도 있다. 세상에 단 하나뿐인 내 아이는 다른

엄마가 쌓아온 지식과 경험, 모든 지혜는 이미 충분하다.
그것을 잘 섞어서 내 아이를 위한 '엄마표 맞춤식 감정 양육'으로
재탄생시킬 필요가 있다.

아이들과 비교하면서 똑같이 성장할 수 없다. 그런데 아이에게 좋다는 육아법, 양육법이 있다면 너도, 나도 관심을 가지고 실천해본다.

　왜 내 아이를 남이 잘하는 방법으로 양육하려 하는 것일까? 잘 알려지고 유명한 방법으로 노력하는데 아이가 문제행동에서 변하지 않는다는 것은 그 방법이 아이와 맞지 않는다는 것임을 깨달아야 한다. 왜냐하면, 특별한 내 아이에게는 개인 맞춤식 양육을 해야 하기 때문이다. 엄마가 쌓아온 지식과 경험, 모든 지혜는 이미 충분하다. 그것을 잘 섞어서 내 아이를 위한 '엄마표 맞춤식 감정 양육'으로 재탄생시킬 필요가 있다.

아이가 감정에 휘둘리지 않고 자신의 감정을 잘 다스리려면 우선은 아이 자신의 마음을 먼저 알아야 합니다. 엄마와 아이가 지금 느끼는 감정이 어떤지 물어보고 함께 적어보세요.

1. 나는 지금 (   )상황이라서 기분이 (   )해요

2. 그때 어떤 생각이 들었나요?

3. 그때 나의 감정은 무슨 색이죠?

4. 그때 내가 주로 하는 행동은?

5. 행동 후 결과는?

07 감정 조절, 지금부터 시작해도 충분하다

부모의 온정 있는 말의 힘

나는 무엇이든지 느끼면 바로 시작하는 사람이 아니었다. 생각과 고민을 많이 하던 실천력이 약한 사람이었다. 내가 책을 쓰게 된 이유는 '한책협' 김태광 대표님의 동기부여가 큰 힘이 됐다. 김태광 대표님의 저서 『성공해서 책을 쓰는 것이 아니라 책을 써야 성공한다』를 읽고 나도 책을 써야겠다고 마음먹었다.

대표님을 알지 못했다면 책을 써야겠다는 생각은 여전히 마음속에만 저장되어 있었을 것이다. 김태광 대표님의 책들을 통해서, 어떻게 하면 내 인생을 가치 있게 설계해나갈 수 있을지 알게 되었다. 나 자신을 성장시킬 수 있도록 용기를 주신 장본인이다. 왜냐하면, 김태광 대표님은 많

126
하루10분 감정 하브루타

은 작가에게 긍정적인 영향을 주고 '엄마'의 마음처럼 모든 이들의 꿈과 소망을 응원해주기 때문이다.

이렇게 엄마는 아이에게 긍정적인 영향을 주어야 한다. 아이의 올바른 성장을 위해서는 아이의 눈높이를 고려하며 감정에 공감하는 노력이 필요하다. 모든 아이는 본인이 잘하는 것이든지 못하는 것이든지 엄마의 칭찬과 인정을 받고 싶어 한다. 평가와 잔소리를 바라는 아이는 이 세상에 단 한 명도 없다.

시간이 지나 아이가 성장했을 때 아이는 사회에는 조건 없는 사랑과 인정이 없다는 것을 알게 된다. 아이가 이런 사회에서 강해지려면 우선 가정에서 부모의 조건 없는 사랑으로 감정이 단단하게 성장해야 한다. 게다가 사랑을 주는 것 못지않게 감정 조절을 잘하는 아이로 키워야 한다. 아이에게는 "엄마는 항상 네 옆에 있어. 넌 무엇이든지 잘 할 수 있어.", "그런 일이 있어서 속상했구나!"라는 온정 있는 말이 필요하다. 이런 따뜻한 언어는 아이가 어느 곳에 있든지, 무언가를 하든지 '나를 든든하게 받쳐주는 엄마가 있어. 그러니 난 할 수 있어!'라는 생각을 하게 해준다.

아이들과 도예 수업을 진행하려면 평소보다 더 많은 대화를 자세하게 나누어야 한다. 그 이유는 만들기와 그리기 수업은 다른 점이 많기 때문이다. 도예용 찰흙으로 무엇을 만들지 미리 구상한 후 연습장에 아이디어 스케치를 해본다. 제자의 머릿속 생각을 어느 정도는 선생에게 보여주어야 한다. 그래야 아이가 원하는 작품을 표현하도록 도와줄 수 있다. 가령 연필꽂이가 주제라면 아이들은 고래, 고양이, 케이크, 자동차, 발레리나 등의 다양한 형태의 연필꽂이를 생각한다. 아이들의 생각은 모두 다르기 때문이다.

도예 수업은 그림을 그릴 때보다 아이들이 더 즐기며 집중하는 수업시간이다. 만들고 완성된 작품을 집에 가져가서 실용적으로 사용할 수 있으니 아이들의 성취감이 하늘을 찌른다.

상훈이는 지난 시간에 도예 수업을 했기 때문에 이번 수업에는 그림을 그려야 한다. 찰흙이 눈앞에 보이니 또 하고 싶은가 보다. 다양한 미술 분야를 접해야 하는 수업원칙을 고수하다 보니 아이가 원하는 것만을 할 수 없어 미안하다.

아이는 수업시간에 10분 간격으로 "나도 찰흙으로 만들고 싶다.", "저도 하면 안 돼요?", "그림 그리기 싫다."라고 하면서 아쉬워했다. 아이의 이런 모습을 보니 측은한 마음이 들었다. 나는 아이에게 "그림 수업을 완성하면 찰흙으로 자유 만들기를 하자."라고 이야기 해주었다.

순간 아이 눈에서 빛이 나더니 그림을 빠른 속도로 대충 그리고 색칠도 한 가지 색으로 빠르게 칠하는 것이었다. 아이는 이렇듯 순수한 존재이다. 내 말만 믿고 따른 행동이다. 나는 이런 행동을 보인다고 혼내거나 잔소리하지 않는다. 조금 길게 설명하듯이 말해주면 된다. 하지만 아이의 마음은 이미 찰흙 수업에 빠져 있다. 이런 마음을 진심으로 공감해주고 말로 표현해야 한다.

"지금 기분이 어때?"

"찰흙 만들기 하고 싶어요."

"선생님도 상훈이가 찰흙 수업을 하고 싶어 하는 거 알아. 하지만 너도 마음에 들고 선생님도 마음에 들도록 딱 2개만 완성해보자. 그러고 나서 찰흙 만들기 하자."

만약에 이렇게 말했는데 상훈이가 더 대충 칠하고 참기 힘들어했다면 감정 조절에 익숙한 편은 아니다. 하지만 상훈이는 나의 제안을 잘 받아주었다. 상훈이와 나는 1년 넘게 수업을 했다. 내가 제안한 것을 해내면 엄청난 칭찬을 받는 것을 알고 있다. 잘 참고 그림을 그린 상훈이는 나와 '가위, 바위, 보' 기회를 획득했다. 또 게임에 이겨서 사탕 선물도 두 배로 가지고 갔다. 게다가 상훈이가 완성한 그림을 '자랑스러운 작품 게시판'에 걸어주었다. 자신의 작품이 게시판에 걸리면 무척 기뻐한다. 이런 모습을 보며 나 역시 활력과 보람을 느낀다. 나는 아이들이 감정 조절을 잘하도록 돕는 수업을 한다. 자주 해서 습관화된 아이들은 나와의 수업시간이나 다른 곳에서도 감정 조절을 잘하리라 생각한다.

아이의 '감정'을 잘 조각하기

내가 감정 수업을 시작한 계기는 아이들이 내 마음을 너무 몰라줬기 때문이었다. 수업을 마치면 몸이 피곤하고 힘들었다. 아이들의 실력 향상에만 치우치다 보니 열심히 설명해도 아이들은 어렵게 받아들였다. 수업 기법에 대해서만 연구를 했지 아이들의 마음속까지 들여다보지 못했다. 아이들도 힘들었으리라 생각한다. 아이들의 감정에 관심을 기울이고 지속해서 사례를 찾아 읽어보고 분석했다. 아이들의 성향에 따라 다르게 수업에 대입해보고 연결하면서 어떻게 다가가야 좋을지를 생각하고 또 생각했다. 결론은 내가 아이들의 마음을 오히려 더 모르고 있었다. 이 느낌을 받았을 때 눈물이 왈칵 쏟아졌다.

이런 경험을 통해서 내가 깨달은 것이 하나 있다. 새로운 감정을 느끼고 경험했다면 바로 무엇이든지 행동을 시작해야 한다는 것이다. 깨달음을 얻고 변화를 주면 분명 결과는 긍정적이기 때문이다. 나의 제자들이 평생 감정 수업을 받지 못했을 수도 있다. 나의 수업으로 아이들의 건강한 성장에 도움이 되길 바란다. 앞으로도 내가 만나는 모든 제자의 감정을 헤아리고, 제자들이 자기의 감정을 잘 다스리는 아이로 자라게끔 돕고 싶다.

'중요한 건 당신이 어떻게 시작했는가가 아니라 어떻게 끝내는가이다.'

– 앤드류 매튜스

시작했다면 어떻게 끝을 맺는지가 중요하다. 좋은 과정이 바로 좋은 끝을 맺기 때문에 과정이 무엇보다 중요하다고 말할 수 있다. 과정은 짧은 순간에 눈에 보이거나 티가 나지 않는다. 자그마한 것들이 쌓이다 보면 어느새 결과물을 만들어 낸다.

미켈란젤로가 창조한 '다비드상'을 생각해보자. 4m 높이의 완벽한 조각은 처음에는 거대한 대리석 덩어리에 불과했다. 그러나 조각가의 뚜렷한 목표의식으로 조금씩 형체가 드러나기 시작했다. 투박하고 뭉툭한 형체들은 조금씩 머리와 몸통, 팔, 다리로 구분지어졌다. 조각가의 도구들로 쳐내고 깎아내는 과정을 통해 섬세하고 감탄스러운 형체가 드러난 것이다. 끊임없는 조각가의 노력과 작품에 대한 사랑으로 아름답고 완벽에 가까운 작품을 세상에 선보일 수 있었다.

뭉툭하고 거친 아이의 '감정'을 잘 조각하고 다듬는 것은 다비드상과 같은 완벽에 가까운 작품을 만드는 것이다. 아이는 세상에 이로운 사람으로서 스스로 정한 꿈과 행복한 인생의 주인이 되어야 한다. 부모는 조건 없는 사랑과 따뜻한 대화로 아이를 성장시켜야 한다. 이것은 위대한 작품을 만드는 예술가의 마음처럼 대단한 것이 아니어도 된다. 감정 조절, 지금부터 시작해도 충분하다. 오늘도 꾸준히 아이의 감정 수업을 연습해보자.

아이가 감정 조절을 못해 엄마를 당황하게 했던 경험을 적어보세요. 그러고 나서 아이에게 어떤 방법으로 감정 조절 연습을 시켜줄지 생각해보세요.

08 감정 조절이 가장 힘든 때가 골든타임이다

늘 내 곁에 계시는 부모님

나는 감정에 솔직해야 한다. 감정 수업을 하는 사람으로서 진정성 없이 행동하는 것은 부끄러운 일이기 때문이다. 그리고 아이들의 감정을 이해하고 헤아려야 하므로 내 감정 조절에 유연하지 못하다면 자격이 없다고 생각한다. 그렇다고 내가 감정에 완벽한 사람은 아니다. 나 역시 감정 조절에 서툴렀기 때문이다. 나는 내가 지도하는 아이들의 감정을 읽고 도움을 주어야 하는 소명의식을 가지고 있는 사람이다. 그래서 아이가 감정 조절에 서툴다 해서 색안경을 쓰고 바라보지 않는다. 특히 아이는 배우면서 자라기 때문에 성장 과정에서 만나는 사람이 중요한 역할을 하고 영향력을 미친다.

감정 조절을 시도하는 자체가 자신을 인정하는 것이다. 감정 조절로 힘들어하는 사람의 마음을 이해하고 도와주려면 먼저 자기감정을 다스릴 줄 알아야 한다. 단지 의지와 시간 그리고 감정을 코칭해줄 사람이 필요한 것이다. 이런 생각을 하는 것은 이미 원하는 바를 이루었다고 해도 과언이 아니다.

현재 나는 부모님과 사이가 아주 좋다. 하지만 예전에 나는 어머니와의 사이가 소원했다. 우선 그때는 어머니 감정을 잘 헤아려드리지 못해 반성한다. 신기하게 감정은 꼭 필요한 시기에 적절하게 터지기 마련인가 보다. 그게 바로 신호다. 내가 '힘들다', '아프다', '위로가 필요하다'는 느낌은 도움을 요청하는 신호이다. 그때 당시 내가 꾹 참고 묵혀놓았던 감정이 거듭되는 좌절로 인해 잘못된 감정으로 표출되었다. 그래서 가족 모두를 힘들게 했던 시기였다. 감정을 주체하지 못하고 부모님께 실망스러운 모습을 보여드렸다. 그러나 부모님은 항상 같은 자리에서 막내딸이 혼자 힘들어했을 상황을 이해해주시며 묵묵하게 믿고 지금까지 지켜봐주셨다. 부모님의 존재와 내 곁에 있다는 사실만으로도 많은 힘이 됐고 안정감을 느꼈다.

엄마의 안정적인 감정이 우선이다

내 부모님의 어린 시절은 어땠고, 나의 어린 시절은 어땠을까? 그리고 지금 현재 내가 양육하는 내 아이는 어떠한가? 아이는 너무 지혜롭고 순수해서 무엇이든지 보고, 듣고, 느낀 것을 흡수한다. 그래서 아이는 좋은 것과 나쁜 것 모두 배우게 된다. 가장 많이 생활하고 오래 머무는 가정에서 아이는 부모의 모든 것을 배우게 된다.

양육의 책임은 부모 모두 같아야 할까? 실생활에서는 불가능하다고 생각한다. 엄마의 마음이란 아빠에게 맡기면 불안하고 성에 차지 않다고 생각하는 것은 나쁠까? 가정 내에서 엄마의 역할이 가장 중요하다. 그렇기 때문에 엄마의 감정이 가정에서 먼저 안정되어야 한다. 모든 속내를 남편과 부모님 그리고 친구나 아는 동생, 언니, 가까운 친척에게 표현해서 스트레스를 해소해야 한다. 육아로 쌓인 스트레스를 공감 받고 풀 수 있다면 현명하게 지내고 있다는 것이다. 아이는 안정적이고 긍정적인 엄마의 따뜻한 감정을 먼저 깨닫게 될 것이다.

위기는 기회가 된다
오래전에 있었던 일이다.

"따르릉 따르릉"
"선생님, 다했어요. 저 다했다니까요."
"선생님, 원비 결제하러 왔어요."

남들에게는 이런 상황이 자주 발생하지 않지만 어쨌든 나에겐 일어나는 일이다. 매주 월요일 오는 아이들이 학교를 마치고 한꺼번에 학원으로 왔다. 그리고 전화벨이 울렸다. 병원 예약으로 인해 수요일에 오기로 한 아이가 지금 온다는 것이다. 학원은 보통 결석하면 보충을 해주거나 수업 시간을 이동할 수 있다. 게다가 원비를 결제하러 오신 어머니께서 나에게 카드를 내미는 상황까지 발생했다. 수업 중에 불쑥 찾아오는 이런 상황들은 점점 내 감정을 흔들어놓는 계기가 됐다.

다급한 마음은 좀처럼 안정이 안 됐고, 학원 문이 열리는 소리만 들어도 가슴이 콩닥거렸다. 아니나 다를까, 신규 방문 상담이었다. 학기 초라서 어머니들이 단체로 오셨다. 수업을 위해서 간단히 궁금한 사항에 대해서만 이야기하고 전화를 드리겠다고 말씀드렸다. 정신없는 한 주의 시작으로 내 혼이 쏙 빠진 날이었다. 이런 일이 반복되니 매주 시작하는 월요일뿐만 아니라 그 전날부터 스트레스를 미리 받고 있었다. 흔히들 말하는 '월요병'이 나에게 생겨난 것이다. 일요일에 최대한 마음을 진정해 보려고 애를 썼다. 일찍 잠자리에 들려고 누웠지만 잠이 잘 오지 않을 정도였다. 그래서 그때 나는 매주 월요일이 돌아오면 긴장하는 버릇이 생겼다.

월요일에 수업하다 보면 여기저기에서 아이들의 소음과 장난치는 소리, 돌아다니며 방해하는 학생, 울리는 전화벨 소리가 들린다. 나는 아이들에게 끌려다닌다는 느낌을 받았다. 내 경력과 노하우가 문제가 아니었다. 나는 짜증이 나고 불안하고 감정이 안정되지 못한 내 모습을 발견했다. 장난치는 아이에게 훈계를 일삼고 좋은 표정으로 대하지 못했다. 그러면 그럴수록 아이는 더 심하게 장난을 쳤다. 지금 생각해보면 그 아이는 내 불안한 모습에 영향을 받았을지도 모른다.

이러면 내가 아이들에게 온전히 수업할 수 없다는 생각이 들었다. 나를 믿고 와서 수업을 받는 아이들에게 너무 미안했다. 그 당시 나는 월급 원장이었고 참다못해 진짜 원장님께 힘든 상황과 묵혀온 감정을 터트렸던 것 같다. 많이 힘들었던 감정을 전하자 원장님은 바로 구인공고를 올려주셨다. 몇 주 뒤에 수업을 도와줄 강사 선생님께서 오셨다. 내 스트레스가 이 정도인지 몰랐다며 원장님께서 미안한 마음을 전하셨다. 그럴 정도로 내 감정이 북받쳤던 기억이 난다. 그 이후로는 꾹 참으며 혼자 힘들게 일을 하지 않았다.

나는 과거의 경험을 통해 깨달은 점이 있다. 환경을 탓하며 그 상황에 불만을 늘어놓는 사람이 있지만, 환경의 단점을 보완하며 목표의식을 갖고 앞을 내다보는 사람이 있다는 것이다. 나는 과거의 경험들로 후자의 사람이 되었다. 원장님의 지나친 욕심은 원생들의 과부하로 이어졌고 나는 예고치도 못한 원생의 증가로 아이들에게 제대로 된 수업은커녕 내 감정조차 추스르지 못했다.

이후에 도와줄 선생님이 오기까지 얼마간의 시일이 걸렸다. 잠시였지만 혼자서는 아이들에게 원활한 수업을 진행하지 못했다. 어느 정도 수익을 생각하며 운영해야 하는 학원이지만 아이들의 원활한 수업에는 신경 쓰지 않는 원장의 마인드는 나와 어울리지 않았다. 시간이 지나 학원을 그만두었고 마음속으로 다짐한 것이 있다. 나는 저렇게 교육 사업을 운영하지 않으리라 다짐했다. 아이들과 제대로 된 수업을 못 하는 것은 내 자존심에 먹칠하는 것이다. '사는 대로 생각하는 것이 아니라 생각하는 대로 사는 사람'이 되어야겠다고 생각했다.

감정 조절이 가장 힘든 시기가 최고의 타이밍이다. 나는 자랑은 아니지만 욱하고 짜증나는 감정표출을 창피하게 생각하지 않는다. 감정이 나쁜 상황에 부딪혔을 때 내 감정이 '너무 힘들다'라는 외침은 분노, 화, 슬픔, 폭력 등으로 나타난다. 하지만 감정 조절이 가장 힘들 때 문제점을 해결하여 기회를 얻는 순간이 되기 때문에 긍정 신호이다.

최성애 박사의 『감정코칭』에 나온 사례가 있다. 8살 아이가 자신의 머리를 뜯고, 칼로 팔을 자해했을 정도로 심각한 상황이다. 아이는 병원에서는 정신분열증 판정을 받고 약을 먹던 중에 최성애 박사님을 만나게 된 것이다. 최성애 박사는 아이와 상담 치료를 통해 감정을 잘 다스리는 결과를 이끌었다. 그리고 미술에 대한 아이의 흥미를 살려 좋은 방향으로 인도했다. 아이는 그림을 잘 그려서 상도 받고 그 또래의 평범한 남자 아이처럼 평온한 일상을 살고 있다. 부모는 아이가 격하게 자해를 했을 때 감정 코칭을 기회로 삼지 않았다면, 지금 아이는 어떻게 되었을까? 생각하기조차 끔찍하다.

'위기는 기회가 된다.'는 말이 있다. 위기를 지혜롭게 넘기고 그 경험으로 깨달음을 얻어야 한다. 부정적인 경험이나 감정 조절의 어려움을 겪어봐야 좋은 방향으로 전환할 수 있는 기회가 된다는 것이다.

화가 나는 상황에서 아이에게 다음과 같은 행동을 취해보라고 조언해주면 좋다. 아이는 엄마의 조언으로 화나는 순간을 잘 다스릴 수 있어요. 아주 간단한 방법이지만 미리 연습을 해보면 아이의 생활에서 유용하게 쓰일 수 있어요.

화가 날 때는 이렇게 해요.

1. 그대로 멈춰라!
2. 코로 숨을 들이마시며 천천히 열까지 세기
3. 내가 바라는 것 분명하게 말하기 '나 전달법'
   "네가(   ) 하니 내 기분이 (   )해.
   그러니까 다음부터 (   )해줘."

2장_우리 아이 감정 조절 골든타임을 잡아라!

3장

아이 감정 돌보는
하루 10분 하브루타

"인내심 없이는 절대 남을 가르칠 수 없다."

01 욱하지 말고 일관성 있게 대하라

부부의 잦은 싸움이 아이를 눈치 보게 한다

어린 시절 기억이 난다. 부모님은 다툼이 잦은 편은 아니셨지만, 함께 장사를 하셨기 때문에 언쟁하는 모습을 종종 보이셨다. 한 번은 심하게 다투시고 며칠 동안 대화를 안 하셨다. 그때 나는 학교에 배달되는 급식비를 내야 했다. 부모님의 기분이 좋아 보이지 않았기 때문에 급식비에 관해 말씀드리기 힘들었다.

부모의 감정이 안정되지 않은 상태라면, 아이는 어떻게 반응해야 할지 모른다. 그 때문에 대화조차 두려운 마음이 든다. 부모님의 행동을 예측할 수 있을 때는 쉽게 대화할 수 있지만, 부모님이 싸웠다면 아이는 혼란스럽다. 영아가 아닌 이상 아이는 어느 정도 분위기 파악이 가능하다. 부모가 싸우면 혼란스러워 울음을 터트리거나 소극적으로 변하는 아이들이 있다. 울음을 터트린다면 두렵고 처음 겪는 상황에 대한 자연스러운 표현일 테지만, 눈치를 본다는 것은 더 좋지 못하다. 부모의 잦은 다툼이 원인이기 때문이다. 우리도 어린 시절 부모님이 다투면 방 안에서 조용히 있었던 경험이 한 번씩은 있을 것이다. 거실에 나가지 못하고 방에서 무엇인가 할 것을 찾았지만 전혀 집중하지 못했을 것이다.

부부의 관계는 아이에게 중요하다. 잦은 부모의 싸움이나 폭력에 노출된 아이는 외적으로 충동성과 공격성이 높아지고 우울감이 생기며 자존감이 낮다는 연구결과가 있다. 부모는 친구들과 사이좋게 지내라고 하는데 정작 부모가 다투면 아이에게 혼란스럽다. 아이가 부모 모습을 보고 다투는 것을 배우게 된다면 밖에서 그 방법과 비슷하게 화를 낼 것이다. 화가 나면 부모님처럼 싸워도 된다는 것을 배웠기 때문이다. 그래서 부모는 화가 났을 때 감정 조절을 잘하고 행동에 주의해야 한다.

'욱'은 아이를 점점 자존감이 낮은 아이로 만든다

날이 따뜻해지면 주말 관광지는 나들이 인파로 가득하다. 사람이 많은 곳을 돌아다니면 가족 단위로 놀러 온 모습이 많이 보인다. 나는 한 가족이 기억에서 잊히지 않는다. 아이가 아이스크림을 먹다가 옷에 떨어뜨렸다. 그런데 아이의 얼굴이 사색이 돼서 엄마의 눈치를 봤다. 엄마는 아이를 챙기기보다는 욱하는 모습을 보여주었다. 사실 엄마의 마음을 이해한다. 아이와의 매일 반복되는 일들로 인해 엄마도 지쳤기 때문에 화를 냈으리라 생각된다. 하지만 이런 엄마의 행동은 아이에게 안 좋은 영향을 미친다.

수업시간에 아이들의 실수를 많이 접한다. 실수는 실수일 뿐이지 잘못한 것은 아니라 생각한다. 아이가 자주 반복하지 않도록 알려주고 도와주면 되는 것이다. 그래서 나는 아이스크림을 흘린 아이의 상황이 더 안타까웠다. 엄마는 어떤 이유에선지 단지 그 순간 자신의 기분이나 감정이 좋지 않았을 것이다. 엄마는 아이가 모르고 한 실수인 것을 누구보다 잘 안다. 하지만 참지 못하고 욱한 것은 자신의 감정 조절을 제대로 다루지 못해서이다. 엄마는 낮에 욱한 행동을 고이 자는 아이를 들여다보며 반성할 것이다. 아이는 달콤한 아이스크림이 얼마나 아까웠을까? 엄마는 자신의 기분대로 한 행동을 반성하며 속상해했으리라 생각한다.

아이를 챙기느라 고단하겠지만 가장 기본적인 아이를 대하는 태도에 주의해야 한다. 이런 일들이 자주 발생한다면 아이는 실수를 할 때마다 엄마의 눈치를 본다. 실수할 것이 두려워 시도조차 못 하고 머뭇거리는 아이로 자랄 수 있다. 이것은 바로 자존감이 낮은 아이로 성장할 수 있다는 '적신호'이다. 엄마의 사소한 행동은 아이를 눈치 보는 아이로 만든다.

내 아이가 눈치 보는 것 같다며 속상해하는 그때가 엄마의 감정 조절이 필요한 시기다.

엄마가 갑자기 화를 내는 것은 아이가 화나게 한 일 때문이 아니라 엄마의 마음에 들지 않게 행동했기 때문이다. 아이는 엄마 마음에 들지 않은 행동을 정말 많이 한다. 경험이 없고 아직 잘 모르기 때문이다. 이런 아이를 이해하지만 치솟는 화를 어떻게 해야 하나? 어렸을 때부터 공감을 제대로 받지 못한 사람은 감정 조절이 힘들다. 감정 조절이 서툴다는 것은 몸은 어른이 되었지만 속에 다 자라지 못한 관점이나 의식이 존재한다는 것이다. 많은 사람이 성인이 되어도 이러한 감정 조절에 애를 먹고 있다.

아이를 잘 양육한다는 것에 정답은 없지만, 좋은 양육은 아이를 행복한 사람으로 성장시키는 것을 의미한다. 엄마의 양육 방식에 전적으로 아이를 맞추기보다 아이의 입장에서 부족한 부분을 채워주어야 한다. 엄마가 아이를 잘 이해하고 관심을 가져야 아이의 올바른 성장이 이루어진다. 엄마, 아빠는 윗 세대 어른에게 감정 조절에 대한 교육을 받지 못하고 부모가 됐을 수도 있다. 아이를 키우면서 함께 시행착오를 겪고 서로 성장해가는 것이다. 부모의 잘못된 양육 방식으로 인해 아이에게 나쁜 습관이 대물림되지 않도록 해야 한다.

좋은 양육은 아이를 행복한 사람으로 성장시키는 것을 의미한다.

엄마가 화를 내는 것은 지극히 당연하다. 화를 내도 좋다. 하지만 아이가 이해하고 받아들이게 화를 내야 한다. 바로 욱하지 않는 방법으로 '현명하게 화를 내는 것'이다. 잔소리와 갑자기 터지는 욱은 아이를 점점 자존감이 낮은 아이로 만든다는 것을 잊지 말자.

지나치게 엄격한 엄마

미술 수업을 하다 보면 옷에 물감이나 매직 등 재료들이 묻을 수 있다. 사실 아동용 앞치마를 입고 단단히 준비해도 어쩔 수 없이 옷을 버리는 경우도 있기 마련이다. 이런 실수를 했을 때 나는 만감이 교차한다. 하루는 소영이가 "아 큰일 났다. 엄마한테 혼나겠다."라는 말을 내뱉었다. 아이가 엄마에게 혼날까봐 걱정하는 모습을 보면 무척 안쓰럽다. 소영이가 집에 가기 전 어머니께 전화를 드려서 자초지종을 설명했다. 그리고 덧붙여 소영이가 엄마에게 혼날 것을 걱정하기 때문에 마음을 헤아려달라고 말씀드렸다.

엄마가 지나치게 엄격할 때 이런 경우가 생긴다. 아이는 엄마의 기준에 맞추어야 하므로 그 기준을 만족시키지 못했을 때 불안해한다. 사소한 실수나 잘못을 엄마가 인정해주지 않는다면 아이는 엄마의 반응 때문에 눈치를 보게 된다. 아이가 어떤 행동을 하기 전에 엄마를 한 번 쳐다보는 것이 그 예이다. 새로운 장소에서 행동을 하는 데 필요한 용기나 도전을 망설이는 소극적인 아이로 성장할 수 있다.

학원에서 아이들의 행동은 확연히 차이를 보인다. 소극적인 아이는 무엇을 할 때 자꾸 자신감이 없고 망설인다. 나는 미술에는 정답이 없다고 늘 구호를 외치듯 설명한다. 몇몇 아이들은 이런 말을 자주 하곤 한다.

"어떻게 해야 할지 모르겠어요."
"이렇게 해도 돼요?"
"틀릴까봐 걱정돼요."

조용한 것과 소극적인 것은 다르다. 조용한 아이는 말을 많이 안 할 뿐 자신이 생각한 것들을 자신 있게 그린다. 자신이 없는 제자에게는 이렇게 말해준다. 선생님은 항상 너를 믿으니 네가 하는 방법은 다 맞는 것이라고 용기를 준다.

일관성 없는 양육

아이가 눈치를 보는 이유 중의 하나는 부모의 '일관성 없는 양육'을 들수 있다. 아이가 떼쓸 때 언제는 다독여주고, 때론 화를 버럭 내버리면 아이는 혼란스럽다. 나는 다양한 연령을 지도하다 보니 나이 차이가 나는 아이들이 함께 수업하는 경우가 생긴다. 6세와 초등 4학년은 차별화된 수업을 진행해야 한다. 사실 아이들이 좋아만 한다면 무엇이든지 다 해주고 싶다. 하지만 그러면 큰 부작용이 생긴다는 것을 알기 때문에 원칙과 일관성을 지키려고 노력한다.

고학년 친구들의 수업시간에 6세 아이가 온 적이 있다. 아이는 유치원에서 체험학습을 다녀온 후에도 미술이 하고 싶어 늦게나마 학원에 왔다. 하지만 힘든 몸은 어쩔 수 없었나 보다. 60분 수업 중 반은 도와달라고 요청했다. 이럴 땐 아이를 도와주어야 한다. 특수한 상황이기 때문이다. 하지만 함께 수업하던 4학년 아이가 자신도 도와달라며 평소에 하지 않던 행동을 보였다. 4학년 제자에게 동생이 이 시간에 수업하는 이유를 설명해주었다. 그때야 이해를 하고 자신이 해야 할 수업을 잘 마치고 돌아갔다. 일관성을 지키려고 아이들에게 하루에도 수십 번씩 비슷한 이야기를 설명한다. 아이들이 이해할 때까지 이런 노력은 계속돼야 한다.

아이가 눈치를 보는 태도는 부부관계와 부모의 양육 태도로 결정된다. 누구보다 내 아이를 사랑한다면 부모는 아이에게 너무 엄하거나 예민하게 행동하면 안 된다. 혹시 아이가 실수하더라도 큰소리를 내거나 짜증 섞인 언어습관을 주의해야 한다. 그리고 일관적인 양육을 바탕으로 관대해지는 것이 필요하다. 부부관계가 우선이라는 생각으로 아이에게 화목한 모습을 보여주는 것도 중요하다. 아이가 자신감을 가지고 무엇이든지 용기를 가지고 시도하려면 눈치 보는 일은 없어야 한다.

혹시 이런 행동이 내 아이를 눈치 보게 했을까?

- 양육에 관해 큰소리로 부부 싸움을 한 적이 있나요?
- 씻지 않은 손으로 음식을 먹는다고 아이에게 욱한 적이 있나요?
- 사람들이 많은 장소에서 떼를 쓴다고 아이의 문제를 그냥 넘긴 적이 있나요?

02 10분이라도 아이의 감정을 들여다보라

시시콜콜한 일상 대화부터 시작하기

나는 매일 학원에 오는 아이들에게 한 명씩 눈을 맞추며 인사를 나눈다. 아이가 학원 문을 들어설 때 보통 기분이 좋아 보이는 아이들이 대부분이다. 반면에 기운이 없어 보이거나 투덜거리며 들어서는 아이의 행동은 눈여겨본다.

즐거운 마음으로 온 아이에게는 기분이 좋은 이유를 물어보고 기운이 없어 보이는 아이에겐 더 관심을 가지고 질문을 한다. 아이가 감정이 상한 이유를 들어주고 마음을 다독여주는 일이 우선이다. 빠르게 수업을 재촉해봤자 수업에 집중을 못 한다는 것을 알고 있기 때문이다.

다른 제자들은 내가 누군가와 대화를 나눌 때 알아서 기다려 준다. 내가 대화를 할 때는 말이 다 끝날 때까지 기다려달라고 부탁을 했기 때문이다. 기존에 학원을 오래 다닌 아이들은 이런 내 부탁을 이해해주지만 못 기다리고 자신의 말만 하는 아이도 더러 있다. 신입 원아라서 아직 모르기 때문이다. 나와 시간을 보내다 보면 자연히 경청과 기다림을 알게 된다.

아이들의 이야기를 경청하면 나 역시 배우는 점이 무척 많으므로 꼭 대화하며 소통해야 한다. 보통 아이들은 학교에서 있었던 일이나 친구 이야기로 시작한다.

"오늘은 원래 오는 시간보다 30분 늦게 왔네."
"친구랑 놀다가 시간 가는 줄 몰랐어요."
"보통 친구랑 놀면 무엇을 하고 놀아?"
"친구네 집에서 간식도 먹고 친구들끼리 하는 게임이 있어요."

'그래서 아이가 오늘은 기분이 좋구나.'라는 생각이 들었다. 나는 늦었다고 잔소리부터 하지 않는다. 하지만 너무 불규칙하게 시간을 어긴다면 주의를 준다. 아이들이 많이 몰리거나 연령별로 어울리지 않는 수업 시간에 배우는 것은 아이 자신에게도 좋을 것이 없기 때문이다. 그래서 시간 약속을 최선으로 맞추는 것을 제자도 잘 알고 있다. 이렇게 아이들과 대화로 기분을 알아보는 시간을 10분 정도 보낸다. 한 타임에 5~6명의 아이가 오가기 때문에 10분이면 충분하다.

아이의 생각에 상상의 날개 달아주기

수업시간이 시작되면 아이들에게 오늘 배워야 할 주제를 설명한다. 그러고 나서 질문을 던진다. 대화를 주고받는 수업시간으로 인해 아이들의 개성적인 생각을 알게 된다. 하브루타 수업이 익숙한 아이들은 경청을 즐긴다. 함께 수업하는 친구, 선생의 의견과 생각에 귀 기울이고 기다림을 알게 된다. 친구의 의견을 듣다가 궁금한 점이 있으면 중간에 물어보기도 한다. 그러면 그 의견에 대한 자기 생각을 말해준다. 대답하기 곤란하면 내가 중간에서 도움을 준다.

내 수업은 3단계로 이뤄진다. 수업의 1단계 10분은 수업하러 온 아이들의 감정이 어떤지 대화를 나누는 것으로 시작한다. 2단계는 내가 주제를 설명한 후에 아이들이 생각하고 의견을 말하는 단계이다. 미술은 어떻게 해야 하는지 순서와 방법을 설명해주어야 하기 때문에 보통 내가 먼저 시범을 보인다. 내가 보인 시범과 설명을 바탕으로 아이들이 생각한 것을 어떻게 작품으로 표현할지 재해석한다. 3단계는 아이들이 작품을 그리거나 만든다. 주제에 어울리게 자기 생각을 넣는 과정에서 학습이 이루어진다고 보면 된다.

예를 들면 원기둥에 대해 배우는 날이라고 생각해보자. 아이들에게 학교에서 즐거웠는지 물어본다. 날씨나 계절에 관련된 일상 대화를 나누는 것으로 아이들의 감정을 알아본다. 그다음에 원기둥 석고모형을 책상 위에 올려놓고 학습적인 내용을 설명해준다. 원기둥을 그리는 방법을 직접 화이트보드나 크로키 북에 그려서 알려준다. 아이들은 개인 크로키 북에 연습을 해본다. 본격적인 지식을 전달하고 아이가 그림을 이해했다는 생각이 들면 원기둥을 스케치북에 그린다. 이것은 기초 원기둥을 배운 것이다. 이제 가장 중요한 질문을 던진다. 원기둥을 그리는 제자들에게 원기둥과 비슷한 물건이 무엇이 있는지 생각해보자고 한다.

나는 아이들에게 디자이너나 발명가가 됐다고 생각해보라 한다. 자신만의 브랜드를 가지고 있는 디자이너가 돼서 신제품 출시를 앞두고 있다고 가정해보라고 한다. "디자이너 선생님, 무엇을 디자인해보고 싶나요?" 일반적인 질문을 하고 생각을 해보라고 하면 쉽게 떠오르지 않는 게 바로 생각이다. 상황극으로 재미를 주면서 아이들에게 직책과 임무를 주어보자. 아이들은 정말 디자이너, 발명가가 된 것처럼 "저는 이번에 새 제품 000을 디자인했어요."라고 자기 생각을 말한다. 자신만의 브랜드 이름도 정해보고 내친김에 브랜드를 상징하는 상표도 디자인한다. 이런 수업은 고학년 아이들이 지루하게 그림을 그리는 수업에서 벗어나 즐기면서 수업을 주도하도록 돕는다.

이 시간은 아이들의 극히 개인적인 의견을 물어보는 시간이 된다. 이렇게 생각난 원기둥 물건은 보고 따라 하는 자료 없이 아이들의 상상 속에서 만들어진다. 이런 학습이 반복되고 학년이 올라가면서 스스로 상상하는 능력이 극대화된다. 저학년 때에는 폭발적이던 창의력과 상상력이 학년이 올라갈수록 사라지지 않으려면 생각하는 수업을 계속해야 한다.

10분 대화 습관으로 감정 치유가 가능하다

10분이란 시간은 언제 어디서나 얼마든지 활용할 수 있다. 아이에게 관심만 있다면 다양한 방식으로 접근할 수 있다. 한 시간 내내 나는 말을 하지만 힘들다는 생각이 전혀 들지 않는다. 그 이유는 아이들과 자연스러운 대화가 이루어지기 때문이다. 지식과 학습을 전달하기 위해 억지로 하는 수업이 아니기 때문이다. 평상시에 주고받는 대화로 아이의 감정을 들여다보는 것이 가능하다.

아이들과 대화를 하다 보면 평소 신경 쓰고 있던 문제나 고민을 자주 표현하는 것을 알 수 있다. 동생이 있는 첫째 아이는 동생이 작품을 망가트린다는 이야기를 자주 한다. 아직 어린 동생을 이해하는 아이가 있는 반면에 무척 싫어하는 아이도 있다. 아이의 감정을 나는 10분이라는 시간을 이용해 잘 다독여주려고 한다. 수업 전 그리고 수업이 진행되고 난 후에 나누는 대화로 아이의 상처받은 마음이 치유될 수 있기 때문이다.

정희가 정성껏 만든 푸드트럭 작품이 있었다. 종이로 만든 조형물이라서 동생은 그것을 보고 만지다가 찢어버렸나 보다. 정희는 동생 때문에 작품을 집에 가져가도 성하지 못한다고 말한다. 정희에게 무엇을 어떻게 말해주어야 할까? 우선은 아이의 말을 경청해주고 그 마음을 달래주어야 한다.

"어머! 저번에 진짜 정성 들여 만든 햄버거 푸드트럭을 망가트렸다니. 진짜 속상했겠다."

아이의 감정을 받아주고 공감한다. 사실 정희가 정말 공들여 만든 작품이었다. 햄버거 가게에 어울리도록 맛있는 햄버거 그림이 그려진 간판, 햄버거를 사는 사람의 뒷모습도 오려 붙여주었고 햄버거와 함께 파는 음료수도 종류별로 꾸며주었는데 말이다. 나 역시 그 마음을 알기 때문에 무척 속상했다. 아이는 내가 마음을 읽어주고 다독여주면 곧 환한 얼굴이 된다. 여기에 그치지 않고 속상했던 기억을 계속 이야기하는 경우가 있다.

그 이유는 이런 상황이 벌어진 후에 엄마의 대처가 없었기 때문이다. 아이가 엄마에게 속상한 마음을 표현했지만, 엄마는 동생이 어려서 그런 것을 무조건 이해해야 한다고 말한다. 첫째도 소중한 내 아이다. 아이는 동생이 하는 행동을 이해하고 보듬어주기에는 아직 어리다. 어른의 입장에서 하는 '한 살이라도 많은 네가 참아야지.'라는 말은 아이에게 정말 이해가 안 되는 말이다. 먼저 공감하는 한 마디 말을 건네고 첫째의 마음을 헤아려주는 태도가 필요하다. 그리고 동생이 작품을 망가트리지 않게 아이와 함께 대화를 나누며 해결할 방법을 찾아야 한다.

그런 과정이 쌓이다 보면 첫째는 동생의 행동을 이해할 것이다. 그 이유는 엄마가 자신의 감정에 공감하고 이해했다는 것을 아이도 배웠기 때문이다.

하루 10분 내 아이의 감정을 들여다보는 것은 이렇게 사소한 데서부터 관심을 가져야 한다. 10분은 아이와 부모와의 교감을 위한 시간이라 생각해야 한다. 독서, 감정 대화, 스킨십, 그림 놀이, 밥상머리 교육, 베드타임 스토리 등으로 얼마든지 아이와 공감할 수 있다.

부모는 말을 할 때 표정, 음성, 행동에 의해서 같은 말이어도 아이에게 상처를 줄 수도 있고 올바른 감정 교육을 선사할 수도 있다. 혹시 등잔 밑이 어두워서 아이를 온전히 이해해주지 못한 부분은 없는지 잘 파악해보아야 한다. 아이의 감정을 알기 위해서는 하루 10분이라도 아이를 중심에 둔 대화를 나누는 것이 중요하다.

> **매일매일 하브루타 : 돌발 퀴즈 8**
>
> 하루 10분 동안 아이와 함께할 수 있는 놀이는 어떤 것이 있나요?

03 감정을 끌어낼 이야깃거리를 만들어줘라

엄마가 먼저 들려주는 이야기보따리

"옛날 옛적에 호랑이 담배 피우던 시절에…"라며 손자에게 이야기를 들려주시던 할머니를 기억하는가? 할머니의 흥미로운 이야깃거리들은 놀라운 효과를 준다. 할머니의 이야기를 들으며 정서적 교감을 나누는 경험이 아이들에게 활력을 되찾게 해주고 이야기 속 주인공을 통해 올바른 인성을 키울 수 있기 때문이다. 현재 '문화체육관광부 한국국학진흥원'에서는 '아름다운 이야기 할머니'를 모집할 정도로 이야깃거리를 만들어주는 것은 중요하다. 내 아이를 중심에 둔 엄마의 이야깃거리는 교감을 더 극대화해줄 것이다.

이렇게 아이에게 이야기를 해주는 것이 정서적 발달과 안정감을 준다는 것은 잘 알지만, 아이에게 효과적으로 이야기를 전달하는 방법을 모른다. 어떤 식으로 아이에게 다가가야 좋은 방법인지 고민을 한다. 최고의 방법을 찾기 위해 고민만 할 수는 없지 않은가? 무엇이든지 일단 생각이 들면 실행해야 한다. 시작한 후에 좋은 방향으로 바꾸어나가는 것이지 처음부터 완벽할 수는 없다.

나는 수업시간에 아이들의 속마음이 궁금할 때는 이렇게 대화를 시작한다. 한 아이가 그림 그리는 것을 어려워하는 상황이었다. 그러나 속내를 속 시원히 말해주지 않았다. 하지만 대놓고 물어보면 아이의 자존심이 상할 수도 있다고 생각했다. 나는 수업을 받는 모든 아이에게 내 이야기를 먼저 꺼내 본다. "선생님은 초등학생 시절에 그림을 잘 그렸을까? 못 그렸을까?" 눈치 빠른 아이는 뒤에 나온 말이 정답이란 것을 알고 있었다. 하지만 나는 수업에 어려움을 느끼는 아이에게 들려주고 싶은 말이 있었기 때문에 그 목적을 이루는 것이 우선이었다. 아이들은 나의 대답을 궁금해했다. 하지만 나는 정답을 말해주는 선생님이 아니다. 조금은 긴 이야기를 하면서 아이들이 스스로 느끼길 바라기 때문이다.

"선생님은 8살에 친구를 따라서 미술학원을 처음 놀러 갔었어. 친구의 미술 수업이 끝나고 함께 놀이터에서 놀려고 같이 갔던 거야. 한 시간 동안 그곳에서 친구를 기다리려고 마음먹었는데 미술 선생님께서 종이와 미술 재료를 주셨어. 그래서 속으로는 너무 신났어. 왜냐하면 그림 그리는 방법은 몰랐지만, 미술을 좋아했거든. 그때 드레스를 입은 여자를 그렸어. 그런데 내가 생각해도 별로 마음에 안 들었던 기억이 나. 수십 번은 지웠다가 그렸다 다시 지우고 했어. 하지만 선생님께서 잘 그린다고 칭찬을 해주시는 거야. 그리고 사람을 그리는 방법을 알려주셨는데 어른이 된 지금까지 기억이 생생하게 나더라고. 집에 와서 선생님이 알려주신 방법으로 그려보기도 하고 다른 종이에 계속해서 그림을 그리면서 놀았어. 그 이후로 좋아하는 그림을 그리는 것을 계속 즐겼지. 결국에는 미술 선생님이 됐잖아. 선생님은 좋아해서 잘 그리게 된 거야. 처음부터 잘하는 사람은 이 세상에 없을 거야."

아이들은 내 긴 이야기를 들으면서 무엇인가 느꼈나 보다. 자신의 이야기를 꺼내기 시작했다. 6살부터 다닌 윤진이는 지금 2학년이다. 예전에 집에 가져간 스케치북을 보았는데 엄청 못 그렸다는 것이다. 하지만 꾸준히 노력한 결과 만족할 만큼의 실력이 됐다며 내 이야기에 공감을 해주었다. 그리고 뒤를 이어 수연이는 지금보다 한 학년 어렸을 때를 회상하며 미술 학원에서 처음 그림을 그렸던 기억을 떠올렸다.

내가 이야기를 들려주고 싶어 한 이유는, 앞서 어려움을 느낀 제자 때문이었지만 아이들에게 모두 효과가 있었다. 스멀스멀 아이들이 마음속을 드러내주었다. 우리 어른들도 보통 친하고 가까운 사이는 속마음을 툭 터놓고 대화를 나눈다. 아이들과 선생과도 이런 사이가 유지되어야 한다. 정서적으로 안정된 수업으로 아이들의 창의력을 더 극대화할 수 있다. 모름지기 마음이 안정되고 감정이 온화할 때 학습이든지 놀이든지 진정으로 즐길 수 있게 되는 것이다.

수업을 통해 이런 효과를 직접 경험해봐서 아이들과 대화를 우선시하는 수업이 이루어진다. 사실 나는 평소에 말을 많이 하는 사람이 아니다. 커다란 음악 소리, 시끄러운 장소보다는 조용하고 안락한 장소를 더 선호할 정도로 말이 없다. 하지만 수업 시간에 나를 만나는 제자들은 내가 수다스럽고 말을 많다고 생각할 것이다.

아이들과 대화를 이어가기 위해서 그리고 아이들 속에 넣어둔 감정을 표현하게 하려면 우선 나의 이야기를 먼저 들려주는 것이 효과적이다. 어른들도 어떤 계기를 통해 속마음을 털어놓아 더 친해지게 되는 것처럼 말이다.

내 아이를 '표현의 달인'으로 만들기

재영이는 엄마와 무척 친밀한 관계를 맺고 있는 아이다. 초등학교 5학년인 재영이는 작년에 엄마와 둘이 유럽여행을 다녀왔다. 모녀지간에 여행을 다녀온 경험도 중요하지만, 재영이와 어머니가 나누는 대화의 깊이가 다름을 느꼈다. 재영이는 자기와의 여행으로 엄마가 느꼈을 회사에 대한 부담스러운 감정을 이해하고 있었다.

재영이와의 여행을 위해 엄마는 회사에 장기 휴가를 내셨다고 한다. 여행을 다녀와서 재영이 어머니는 회사의 눈치를 보시면서 다시 출근을 시작하셨다고 했다. 재영이가 엄마를 생각하는 마음이 나에게 전달이 됐다. 재영인 여행에 관련된 추억을 수업시간에 자주 말해주곤 했다. 재영이는 학습능력도 빠르고 수용적인 아이다. 그리고 다른 아이들과 관계도 좋으며 분위기를 잘 이끈다. 엄마의 영향력은 이렇게 아이를 무척 돋보이게 만든다.

아이가 감정을 잘 표현하지 못할 경우, 돋보이는 능력을 갖추고 있더라도 그것을 실현하기 어려워진다. 성장하면서 여러 가지 상처를 받는 결과가 이어질 수 있기 때문이다. 감정 표현이 뛰어난 아이는 학교생활에서 많은 긍정적인 결과를 가져오게 된다. 반면에 표현력이 부족한 아이는 자기 생각이나 감정을 제대로 전달하지 못해 친구들에게 치이거나 관계 형성이 어려울 수 있다. 따라서 자신감 있고 당당한 아이 그리고 친구들에게 인기 많은 아이로 키우기 위해서는 부모가 아이의 감정을 표현하도록 기초를 마련해주어야 한다.

'잦은 비난과 하소연으로 아이를 주눅 들게 하는 부모', '무책임한 조언을 일삼는 부모', '일관성이 없는 부모', '이야기를 엉뚱한 방향으로 이끄는 부모'들이 아이의 표현력을 약하게 만든다.

　반면, '아이의 발달수준을 알고 있는 부모', '진심을 담아 말하고 집중해서 들어주는 부모', '잘못된 생각을 바로잡아주는 부모', '자신의 욕구를 정확하게 말하도록 이끌어주는 부모', '다양하고 새로운 표현법을 사용하는 부모'들은 아이의 마음을 열고, 말문도 열어준다.

　아이의 표현력은 부모와의 관계에 따라 크게 달라진다. 부모와 애착이 잘 형성된 아이들은 부모 앞에서 자연스럽게 행동하고, 생각과 감정을 잘 표현하기 때문에 당연히 표현력이 높다. 또한, 부모가 아이의 발달수준과 성향을 정확히 알고 있고, 그에 맞는 적절한 자극을 제공할 때 아이는 '표현의 달인'으로 거듭날 수 있다.

아이가 감정을 말하고 이야깃거리를 만들어주기 위해서는 부모가 자신의 이야기를 먼저 꺼내는 방법도 좋다. 부모의 경험담이나 무용담을 듣고 아이는 표현력을 배울 수 있기 때문이다. 이를 위해서는 부모가 아이에게 항상 관심을 두고 다양한 표현을 구사할 수 있도록 이끌어주어야 한다. 아이가 표현하는 일에 대한 흥미를 잃지 않도록 비난하거나 지적하는 일이 없도록 자연스럽게 대해야 한다.

매일매일 하브루타 : 실천하기 8

저녁 식사 시간에 먼저 엄마가 하루를 어떻게 보냈는지 아이에게 말해주세요.

04 무엇보다 아이와의 스킨십이 중요하다

엄마 육아와는 다른 아빠 육아의 차별성

영아기와 유아기 시기 아빠와의 목욕시간은 잊지 못할 즐거운 시간이다. 아이는 아빠와 따뜻한 물속에서 오리 장난감을 가지고 놀며 엄마와는 또 다른 사랑을 느낀다. 아이는 아빠와의 교감을 통해 친밀감과 유대감이라는 감정을 느끼게 한다. 아이는 아빠와의 신체 접촉으로 옥시토신이라는 호르몬을 분비한다. 이 호르몬은 사회성 발달에 긍정적인 작용을 한다는 연구결과가 있다. 친구를 잘 사귀고 사회적응력이 강한 아이로 키우고 싶은 아빠는 신생아 때 손수 아이 목욕을 시키라는 연구 결과가 있다.

영국 BBC 방송에 따르면 신생아 때 아빠와 목욕을 한 아이는 청소년 시기 사회성에 긍정적인 효과를 보였고, 반면 그렇지 않은 아이는 대인 관계 등 사회적응에 문제를 일으키는 경우가 더 많은 것으로 나타났다. 센트럴 런던대 심리학 연구팀의 보고서에서 하워드 스틸 교수는 1백 쌍의 부모를 대상으로 14년간 아이들의 성장 과정을 조사한 결과, 신생아 시기 아버지가 목욕을 시키지 않은 아이는 30%가 나중에 친구 관계에 심각한 장애를 겪었지만, 1주일에 3~4회 아빠와 목욕시간을 가진 아이들은 3%에 그치는 결과를 얻었다고 보고했다.

엄마와 아빠는 다르므로 엄마의 손에서 자라는 방식과 아빠의 양육방식은 차별성을 갖는다. 아이는 자라면서 두 가지 방식을 배워 다양하고 효과적인 성장이 가능하다. 엄마는 아이에게 학습이나 지식을 전달해주려는 경향이 강하다. 엄마들이 아이의 뇌 발달이나 학습적인 효과에 뛰어난 상품, 교육에 민감한 것을 보면 알 수 있다. 하지만 아빠는 함께하는 시간에 방목적인 편이다. 엄마 대신 아이를 맡아 돌보게 되었을 때 기저귀를 반대로 갈아입히고 아이를 꼬질꼬질한 상태로 돌보아서 엄마의 언성을 산 경험은 한 번쯤 있을 것이다.

아빠는 아이가 음식을 먹을 때 손으로 만지거나 흘려도 대수롭지 않게 생각한다. 흘리고 손으로 줍고 자유로운 활동을 허락하다 보니 아이는 스스로 하고자 하는 욕구가 생긴다. 아빠는 아이에게 주도권을 주며 평등한 관계를 맺기 때문이다. 그래서 탐구하거나 혼자 행동하는 일이 많아진다. 이렇게 아빠를 통한 새로운 경험으로 아이는 엄마 이외에 아빠가 가지고 있는 장점을 알고 배우게 된다.

아이와 행복한 스킨십 놀이로 최고의 아빠가 되기

나는 〈슈퍼맨이 돌아왔다〉라는 방송 프로그램의 애청자다. 방송인 및 유명한 스포츠 선수를 비롯한 아빠들이 자녀 육아와 양육을 하는 모습을 보면서 단순 재미 이상의 감동을 받았다. 산타할아버지가 되어 아이에게 깜짝 파티를 선물한 가수 타블로 편을 본 적이 있다. 타블로의 딸 하루는 산타 분장을 한 아빠인지 모르고 울음을 터트린다. 이에 당황한 아빠는 얼른 수염을 벗어던지고 하루를 안아주며 아빠임을 알려준다.

타블로는 아이가 선물을 받고 행복해할 거라 예상하지만 딸 하루는 겁에 질려 눈치만 보고 있다. '아빠는 아이에게 서툴다.'라는 생각을 했다. 하지만 아이와 함께 보내는 시간에 최선을 다하고 교감하려 노력하는 모습에 가슴이 뭉클하다. 완벽한 사랑이 주는 선물보다 부족하지만, 사랑을 완성하려 애쓰는 아빠들의 모습에서 따뜻한 부정을 느꼈다.

OECD 가입국 아빠들이 아이와 놀아주는 평균 시간은 다음과 같다. 호주 아빠 32분, 일본 아빠 12분, 프랑스 아빠 10분, 전체 평균 19분이다.

그런데 대한민국 아빠는 단 3분. 조금은 충격적인 결과다. 그렇다면 대한민국 아빠가 아이에게 무관심할까? 아빠는 아이와 놀아주고, 함께 하고 싶은 마음은 크지만 어떻게 놀아주어야 하는지 방법을 모른다. 물론 아빠 육아에 자신 있거나 아이와 함께 시간을 보내는 아빠들이 점점 늘어나고 있다. 하지만 아직 평범한 아빠들은 어떤 계기가 생기지 않는다면 아이와의 놀이 방법에 관해 모른다.

아빠는 3가지를 준비하고 알고 있어야 한다. 이것은 아이와 즐거운 스킨십 놀이를 가능하게 해주는 준비물이라고 생각하면 된다.

첫째, 아빠의 체력이 좋아야 한다. 체력이 뒷받침돼야 놀이에 집중할 수 있고 힘들다는 생각이 들지 않는다. 든든한 아빠가 아이의 안전에 신경을 쓰면서 스킨십 놀이를 이어갈 수 있다. 개인적인 건강을 위해서라도 꾸준한 체력 관리를 하는 것이 내 아이를 행복하게 키우는 원동력이 된다.

둘째, 아이와 놀아주는 것이 아닌 함께 재미있게 노는 것이다. 아빠의 동심이 필요한 시간이다. 아빠가 좋아하면서 아이도 즐길만한 놀이를 찾아보는 것도 좋은 방법이다. 집안에서 집 밖에서 다양한 신체활동이 얼마나 많은가? 스킨십 놀이는 어려운 것이 아니다.

마지막으로, 마음의 여유를 갖는다. 시간 제한을 두지 않고 아이와 충분한 스킨십 놀이를 갖는다. 사람은 자신이 편안하고 마음이 여유로울 때 무엇을 하든지 효율이 좋아지고 결과 또한 긍정적으로 나타난다. 억지로 하는 일에 부정적인 마음을 가지고 하다 보니 실수를 하거나 무엇인가를 빠뜨렸던 경험이 있을 것이다. 심리적인 불안이 아이에게도 고스란히 전해지므로 아빠가 마음의 준비가 되어야 한다. 준비되었다면 아이와 행복한 스킨십 놀이시간을 가져보자. 그리고 아이와 행복한 스킨십 놀이로 최고의 아빠가 되어보는 것이다.

친구의 이사 소식을 전해 들었다. 집을 방문해서 친구와의 수다 시간도 갖고 4살 된 조카와 놀아주었다. 친구가 대접한 음식을 먹으며 그동안 못했던 대화를 나누고 있었다. 그런데 친구의 아들이 떼를 쓰기 시작했다. 친구의 남편이 함께였으면 아이를 달래주었을 테지만 볼 일이 있어 외출 중이었다. 엄마와 이모의 끊임없는 대화로 심심하거나 속상했나 보다. 그래서 친구와 나는 말타기 놀이를 하며 놀아주었다. 사실 처음에는 해본 적이 없어서 무척 낯설고 웃음이 나왔다. 친구는 말타기 놀이가 익숙한지 등에 아이를 태워 가까운 거리를 왔다 갔다 해주었다. 과거 처녀 시절에 인기가 많고 예쁜 친구의 모습보다 엄마로서 아이에게 최선을 다하는 모습에 엄마는 대단한 존재라고 느꼈다.

친구의 아이는 부모의 스킨십에 익숙하다. 그래서 이모인 나를 만나도 내 얼굴이나 머리카락을 쓰다듬어주며 애정을 표현한다. 아이가 표현하는 스킨십에 기분이 좋았다. 아이가 하는 행동은 떼쓰고 울고 고집부리는 것이 전부라고 생각했는데 애정과 관심의 표현을 기분 좋게 해주었다. 나는 친구에게서 많은 것을 배우고 느꼈다. 아이는 분명 사랑을 받고 자랐기 때문에 사랑을 잘 표현하는 아이로 자랄 것이다. 아이와 함께하는 스킨십 놀이는 엄마가 아이와 함께 즐길 수 있는 선에서 이루어져야 한다. 특히 체력이 있어야 하는 스킨십 놀이에서 서로에게 적당한 방법을 찾아 애착을 형성하는 것이 좋다.

사랑을 확인하는 방법, 스킨십

아이는 누구나 부모와의 스킨십을 좋아한다. 부드러운 감촉과 체온이 보호와 사랑을 받고 있다는 믿음을 주기 때문이다. 이것은 유년기, 청소년기에도 긍정적인 마음을 갖게 해준다. 부모 중에 드물지만, 아이를 예의 바르고 강하게 키우기 위해 스킨십보다는 훈계나 훈육의 비중을 크게 두기도 한다. 비판이나 잔소리보다 아이가 부모의 온정과 애정을 스킨십으로 느낀다면 아이 또한 마음을 더 솔직하게 열게 된다. 이런 아이들은 부모와 더 돈독하고 친밀한 사이를 유지한다.

연인과의 데이트를 생각해보면 쉽게 이해가 갈 것이다. 서로의 사랑을 확인하기 위해 스킨십은 없어서는 안 된다. 다투고 마음이 상했을 때 연인 중 누군가가 손만 내밀어도 마음이 풀리고 자연스러운 화해 모드로 바뀌게 된다. 스킨십의 영향력은 이렇듯 아이에게 좋은 영향을 미치는 것이다. 아이는 언젠가는 부모의 품에서 벗어나 세상으로 나아가야 한다. 어릴 때 부모님의 사랑을 피부로 느꼈다면 성인이 되어서도 사랑할 줄 아는 사람이 된다. 정서적인 안정이 바탕이 되는 스킨십으로 아이에게 사랑을 전하는 부모가 되어보는 것은 어떨까.

매일매일 하브루타 : 실천하기 9

아빠와 나누는 스킨십

아빠는 하루 10분 아이를 무릎 위에 앉히고 팔과 어깨를 주물러주세요. 스킨십하며 아이에게 기분이 어떤지 물어봐주세요.

05 내 아이가 그린 그림으로 감정을 읽어라

아이의 그림으로 심리를 들여다보는 습관

나는 숙명여대 교육원에서 아동 미술 심리치료 자격과정을 수료하고 시간이수 과정까지 마쳤다. 13년 전에 배웠지만, 그 당시 미술 심리치료 과정은 큰 인기를 얻었고 사회의 이슈였다. 많은 교사 또는 관련 직종 종사자들이 수업을 들으러 왔다. 이때 미술 심리치료 과정을 공부한 것이 아이들을 지도하면서 많은 도움이 되었다.

먼저 자기 자신의 심리에 대한 테스트가 이루어졌다. 교수님과의 테스트, 그리고 교육받으러 온 선생님들과의 심리 미술을 통해 울고 웃었다. 그 과정은 서로의 감정에 쌓인 묵은 상처들을 치유하는 좋은 시간이었다. 우리의 마음을 먼저 돌아보는 과정이 첫 번째였다. 과거의 경험에서 받은 상처를 직접 치유하고 해소하며 직접 느끼는 경험은 정말 없어서는 안 되는 가장 중요한 수업이었다.

그 당시 대학생이었지만 졸업 후 아이들에게 단순히 좋은 선생님이 목표가 아니었다. 나는 특별한 미술 선생님이 되고 싶었다. 미술 심리치료사 과정을 통해 마음 표현이 서툴거나 상처가 있는 아이들에게 희망이 되는 미술 선생님이 꿈이었기 때문이다. 미술 심리 첫 수업은 아직도 기억에 남는다. 사람, 나무, 집을 표현하는 수업이었다. 지금도 아주 유명하고 널리 사용되는 'HTP House-Tree-Person Test' 검사이다. 그림을 그리고, 그림에 대한 대화를 통해 상담자의 마음을 읽는 방법이다. 미술 심리 치료는 한 번을 하는 것이 아니고 지속해서 많은 횟수 동안 이루어져야 한다. 그 과정을 통해서 치유하는 프로그램이기 때문이다. 사람의 마음 속에는 말로 표현하기 힘든 이야기들이 있지만 그림으로 내 마음을 표현 하는 것은 보통 어렵게 느끼지 않고 부담감 또한 적다. 특히 아이들에게 는 놀이처럼 느껴지는 장점이 있다. 자연스럽게 무의식 속에 잠재된 표현들이 그림 세계에 반영된다. 그래서 그림을 보고 아이들에게 질문, 대화를 많이 나누는 수업의 중요성 또한 잘 알고 있다.

생각보다 많은 양과 두꺼운 교재를 읽고 분석하여 과제를 해나가는 과정에서 다양한 지식과 노하우가 쌓여갔다. 집에서 가족을 상대로 꾸준하게 그림 치료 실험을 해야 했기 때문에 어머니의 도움을 많이 받았다. 어머니와 대화를 하며 그림을 분석하고 어머니의 생각과 감정을 읽어야 했다. 중요한 것은 그림이 아니다. 그림을 그리면서 상담자와 나눈 대화, 심리적인 상태나 행동에 집중하면서 감정이나 정서 등을 파악한다. 정말 신기한 것은 어머니께서 내가 하는 미술 심리치료를 받고 마음의 안정을 느꼈다고 하셨다. 그 이유는 그림을 그리면서 마음속에 있는 말을 많이 했기 때문이었다. 교재에 나온 질문들을 하나하나 체크하며 질문했다. 어머니께서 왜 그렇게 그림을 표현했는지 무의식 속에 답이 있었다. 사람은 생각하면서 신중하게 행동하지만 가끔은 습관처럼 툭 튀어나오는 대로 행동하고 말한다. 이것은 모두 무의식 속 자신의 모습을 보여주는 예이다.

나는 이 방법을 어머니께만 사용하면 안 된다고 느꼈다. 대학교 졸업 전 겨울 방학 때부터 미술 학원에 취직했다. 그 당시에 나는 사회 초년생이었지만 원장님의 인정을 받는 교사였다. 미술 전공자이고 미술 심리치료사 공부를 해서 자신감이 붙었다. 시간이 지나 6개월 후에는 내가 지도하는 제자 중에 ADHD 판정을 받고 처방약 복용하는 아이가 있었다. 아이가 측은하여 정을 많이 주었다. 아이와 미술 수업을 하면서 그림을 유심히 살폈던 기억이 난다. 아이는 전문적인 기관에서 치료도 받는 상태여서 점점 좋아졌다. 어머니와의 상담을 자주 했고 미술 심리에 대한 질문을 많이 하셨던 기억이 난다. 아이에게 도움이 될 수 있었다.

내가 배운 것으로 아이에게 도움을 줄 수 있어서 보람을 느꼈다. 내가 일하는 것이 신나야지 아이들도 그 기운에 영향을 받는다. 나는 아이들의 미술 실력이 향상되는 것뿐만 아니라 그림 속 아이들의 심리를 들여다보는 습관이 생겨버렸다. 그렇다고 그림만 가지고 분석을 하거나 평가를 해서는 안 된다. 보통 미술 심리치료는 상처받은 아이들의 감정을 알아보고 마음을 치유하기 위한 목적으로 널리 이용된다. 거기에 아이와의 지속적인 대화가 이루어져야 아이의 감정이 어떠한지 알 수 있다. 하지만 나는 일반적인 학생들과 수업하기 때문에 조금 다르게 접근했다.

예를 들면 보통 아이들도 발달의 차이가 있다. 발달 차이는 오랜 기간 자주 보고 만나 수업을 해본 선생님이 느낄 수 있는 것이다. 함부로 판단하면 오히려 역효과가 생긴다. 나는 수업을 하면서 만나는 아이들의 성향을 파악했다. 성향을 알게 되니 아이들을 지도하는 방법이나 기술적인 부분에서 나만의 노하우가 생겼다. 아이가 적극적이거나 활력이 넘친다면 작품의 완성도는 높다. 대화 참여도 높고 자기 생각도 잘 말한다. 이런 아이들은 좋아하는 것을 할 때 지치거나 힘들어하지 않는다. 정해진 시간보다 훨씬 더 많이 수업을 받고 간다.

아이가 적극적이거나 활력이 넘친다면 작품의 완성도는 높다.

대화 참여도 높고 자기 생각도 잘 말한다.

나는 경력 15년을 자랑하는 베테랑이다. 체험 수업을 한 번 해보면 아이의 성향이 어느 정도 파악이 된다. 그래서 아이에게 맞춤식 교육을 해줄 수 있다. 이런 점들을 보완해주며 수업을 진행하니 아이들과 학부모님의 만족도가 높았다. 내가 이렇게 수업에 관련하여 자신 있게 말하는 것은 나만의 목표의식과 소명이란 것을 가지고 있기 때문이다. 단순하게 아이들의 실력, 능력만을 위한 수업이 아닌 아이들의 올바른 성장을 위한 과정을 중요시하기 때문이다. 그림만 잘 그리게 하는 수업이 아닌 아이들의 심리상태와 감정까지 이해하며 수업을 하고 있다. 나는 박사학위 등의 스펙을 갖추는 것보다 오랜 시간 아이들과 수업을 진행해온 내 15년 경력이 가장 자랑스럽다.

집-나무-사람 그림

'HTPHouse-Tree-Person Test' 검사의 정의.

존 벅John Buck에 의해 개발된 검사로, 그는 기존의 인물화 검사DAP에 집과 나무를 첨가하여 피검자가 중요하게 생각하는 영역들과 관련된 정서적, 표상적 경험을 파악하고자 하였다. 집-나무-사람은 중성적인 자극이지만 자기 상을 풍부하게 투사할 수 있는 대상으로서, 피검자에 대한 직관적이고 상호작용적인 이해를 가능하게 한다.

HTP는 종이와 연필을 이용하는 검사다. 아이가 그린 집-나무-사람 그림을 통해 성격 발달과 연결된 정서적인 면들과 역동적인 면 등을 파악할 수 있다. 이 검사는 누구나 쉽게 할 수 있다. 단지 주의해야 할 점은 그림을 판단하는 것에 초점을 두면 안 된다. 아이와 시행할 때 엄마는 아이와의 교감과 상호작용을 위한 과정이라고 생각해야 한다. 결과에 집중하지 말자. 결과를 알고 싶으면 전문가에게 의뢰하면 된다. 집에서 간단하게 아이의 현재 마음 상태나 감정을 알고 싶다면 간단하게 해볼 수 있기 때문에 추천한다.

A4 종이 3장을 준비해야 한다. 각 장에 집, 나무, 사람을 그리도록 한다. 위치와 크기는 자유롭게 그리고 다른 설명을 최대한 하지 않는다. 사람은 머리끝부터 발끝까지 모두 그리라고 설명하고, 졸라맨이나 단순한 도형 형태로 몇 초 만에 그리지 않도록 주의사항을 설명한다. 그러고 나서 아이가 그림을 모두 그릴 때까지 기다린다. 중간에 자유로운 대화를 나누며 편안하고 즐거운 분위기를 조성해도 좋다.

그림이 완성되면 아이에게 질문을 시작한다. 여기서 알아야 할 점은 그림을 잘 그리고 못 그리는 표현력에 집중하면 안 된다는 것이다. 아이가 왜 그것을 그렸는지, 궁금한 것들은 모두 물어보아야 한다. 아이의 대답 속에 엄마가 유추할 수 있는 실마리가 들어있기 때문이다.

예전에 어머니와 그림을 그리며 대화를 나눈 적이 있다. HTP 검사 중 사람을 그린 후 많은 대화를 나눠보았다. 어머니는 7살 정도의 색동저고리를 입고 있는 여자를 그렸다. 나는 이런저런 질문을 했다. 누구인지, 무엇을 하는 아이인지, 감정이 어떤지, 한복은 왜 입고 있는지 말이다. 교재에 나온 질문이 아닌 내가 궁금한 것들을 물어보았다. 어머니는 그냥 여자아이를 그렸다고 하셨다. 6~7살이 가장 예쁜 나이라서 그렇게 말씀하셨고, 한복을 입고 있으면 더 예쁠 것 같아서 그렸다고 하셨다. 정확한 검사를 위한다기보다는 대화를 나누기 위한 질문을 했던 것 같다. 어머니와 대화를 나눌 기회가 많이 없었는데 그림으로 어머니의 생각을 들어 볼 수 있어서 좋은 시간이었다.

아이가 그린 그림으로 감정을 들여다보자. 그림 놀이와 질문 놀이라고 말해줘야 편안하고 자연스럽게 아이와 대화를 나눌 수 있다. 아이가 그린 그림에 대한 느낌이나 감정을 이야기할 때는 아이의 감정에 공감하고 충분히 이해해주는 자세가 필요하다. 아이가 어떠한 엉뚱한 소리를 해도 귀 기울여 들어준다. 엄마는 너에게 이렇게 관심이 있고 든든한 존재라는 사실을 일깨워준다. 이런 과정에서 아이는 현재 감정 상태가 어떤지 엄마에게 이야기하는 기회가 된다. 아이는 그림 놀이와 감정 놀이를 통해 마음을 이야기하며 엄마와 더 돈독하고 끈끈한 애착을 형성할 수 있다.

집, 사람, 나무 그림을 그린 후 그림에 관해 질문하고 대화를 이어가보세요.

06 함께하는 독서로 아이의 감정을 들어라

즐거운 스토리텔링 시간으로 만들어주기

유대인 부모는 아이에게 책을 읽어주는 것을 무엇보다 중요하게 생각한다. 아이가 아직 어려 글자를 몰라도 부모가 읽어주는 책의 이야기는 아이의 뇌를 자극한다. 유대인 엄마는 구연동화를 하는 것처럼 책을 읽어주어 아이가 독서를 즐거운 이야기, 흥미를 유발하는 활동이라 생각하게 만든다.

엄마는 아이가 좋아하는 책을 잘 알고 있다. 아이가 좋아하는 책을 집어 들어 부모에게 읽어달라고 가져왔던 경험이 있을 것이다. 그 이유는 부모가 아이와 공감하며 잘 읽어주거나 아이가 좋아하는 책을 잘 골라주었기 때문이다. 아이가 서툰 말을 시작할 즈음 "이게 뭐야?"라고 연신 질문을 한다. 엄마가 읽어준 책 내용을 알고 나서는 "이것은 어흥 사자. 그리고 이것은 깡충 토끼." 등의 말을 하며 배운 것을 표현한다. "무서워, 귀여워, 부러워." 등의 감정도 표현한다.

아이는 엄마가 책을 읽어주면 엄마의 따뜻한 목소리, 표정, 다양한 행동과 표현력을 통해 독서가 흥미로운 활동임을 안다. 책을 반복적으로 읽어주면 아이는 책을 줄줄 외우기도 하며 스스로 한글을 익히는 효과가 있다. 시간이 지나 아이는 주도적으로 책을 선택하고 다른 주제에 관한 책에 저절로 흥미를 느낀다.

부모는 독서를 통해 책이 전달하려는 교훈을 아이가 깨닫게 만들어주어야 한다. 책이 전달하는 교훈을 부모가 직접 알려주는 대신에 재미있는 스토리텔링으로 아이가 스스로 답을 찾고 탐구하도록 이끌어준다. 아이는 분명 책 속의 교훈을 얻기 위해 질문을 할 것이다. 아이는 엉뚱한 질문에서부터 하나하나 실마리를 풀어가듯 책 속으로 빠져든다. 부모는 아이에게 질문의 답은 정해진 것이 아니라고 깨우쳐주는 게 중요하다. 아이는 꼬리에 꼬리를 무는 질문을 통해서 생각이 확장되고 사고력이 향상된다. 쉬운 것부터 그리고 아이가 흥미로워하고 좋아하는 책으로 독서 습관을 키워주어야 한다.

단순히 책을 많이 읽는다고 좋은 것은 아니다. 특히 어린 시절부터 다독보다는 엄마와 함께하는 즐거운 스토리텔링 시간을 즐기게 만드는 것이 좋다. 뷔페에서 다양한 종류의 많은 음식을 먹고 나서 '내가 맛있게 먹은 음식이 무엇이지?'라는 의문을 품은 경험이 있을 것이다. 쉐프 또는 주방장의 전문적인 노하우가 녹아 들어간 한 가지의 음식을 먹었을 때와 비교해보면 쉽게 이해가 간다. 가짓수가 많다 보면 일일이 그 맛과 특성을 느끼기 힘들다. 반대로 한 가지에 초점을 맞추어서 정성을 들인 음식은 재료 고유의 맛과 특징이 잘 살아난다. 독서도 그러해야 한다는 것을 강조한다.

동화책으로 아이와 감정을 공유하기

7살 아들을 키우는 친구의 집에 놀러 간 적이 있다. 유아교육을 전공한 친구이다. 그래서 집에 아들을 위한 특별한 교구나 교재들이 가득할 줄 알았다. 방 한 칸을 아이의 공부방 겸 놀이방으로 꾸며놓았는데 그곳에는 아들이 흥미를 두고 있는 책들과 장난감 및 학용품 그리고 몇 개의 교구가 전부였다. 아들의 연령에 맞게 필요한 것만 남겨두고 아들의 동의를 얻어 어린 시절에 사용한 것들을 나누어주거나 처리를 한다는 것이다. 쓸데없이 가짓수가 많다고 좋은 것이 아니었다.

오랜만에 만난 이모에게 책을 읽어주며 자랑하는 모습에서 아이의 만족감과 자신감을 읽을 수 있었다. 아이가 읽어준 책의 상태는 많이 반복해서 들여다본 흔적이 느껴졌다.

　친구는 아이가 학습할 때 기계의 힘을 빌리는 것보다 선생님 또는 엄마나 어른의 지도를 받는 것을 추천한다. 태블릿 PC로 터치하면 글자를 읽어주거나 재미있는 게임 형식의 학습도 흥미롭고 효과가 좋다는 것은 알고 있다. 그것을 반대하는 입장은 아니다. 하지만 아이가 학습할 때는 질문과 대화를 통한 의견 주고받기 학습이 우선으로 이루어져야 한다. 독서의 양보다 질이 중요하다. 일률적으로 정해진 정답을 찾는 학습이 아닌 다양한 생각과 사고를 할 수 있는 질문 대화법이 중요하기 때문이다.

　그리고 아이와 감정을 공유하기 위해서도 질문과 대화가 필요하다. 감정은 사람이라면 가지고 있는 고유한 특권이다. 감정을 들여다보는 방법은 책 속 등장인물이 되어 간접 체험하는 기회가 된다. 책이 주는 교훈에 대해 엄마와 아이는 대화를 나누며 새로운 것을 배우는 효과도 있다.

　예를 들어 '층간소음'에 관한 책을 읽으면서 엄마와 아이는 역할 놀이처럼 주고받는 이야기가 있다. 층간소음을 일으키는 사람, 소음의 피해를 받는 사람의 입장이 되어 생각해보는 시간을 가지는 것이다. 단순히 읽고 끝난다면 그것은 진정한 독서가 아니다. 책이 전하는 내용과 메시지를 엄마는 파악하여 아이에게 자기 생각을 말하도록 유도하는 것이 중요하다. 이때 책 속에 등장하는 인물이 되어 그 사람의 감정을 이야기하고 역할 놀이처럼 경험한다면 아이는 감정 조절을 잘하는 아이로 자란다.

아이는 책의 이야기와 비슷한 경험이 있다면 '그때 친구가 시끄럽게 떠들었는데 내가 느낀 감정이 이런 것이었구나.'를 느낄 것이다. 떠드는 친구의 감정을 모르고 지나갔을 텐데 독서를 통해 '상대방이 왜 그런 행동을 했을까?'라는 의문을 가지므로 내 감정과 상대방 감정에 대하여 생각하는 시간을 가질 수 있다. 가해자, 피해자의 차이점에 대해 생각해보는 시간이 되는 것이다. 사소하게 훅 읽고 넘기는 독서가 되지 않도록 한 권을 읽어도 아이가 깨달음을 얻을 수 있도록 도와주는 것이 무엇보다 중요하다.

아이는 독서로 다양한 감정을 느끼게 된다. 평생 느껴보지 못한 감정에 대해 이해하는 시간을 가질 수 있다. '감정이란 이런 상황에 발생하는구나.'를 알게 된다. 그럴 때는 엄마가 알려준 대로 '감정 조절을 이렇게 하는구나!'라고 느낄 것이다. 감정 조절을 잘하는 아이는 자신의 감정에 솔직하여 그것을 표현하는 방법에 유연해진다. 상황과 장소에 따라 자신의 감정을 어떻게 표현할 것인지 조절이 가능한 것이다. 이런 아이는 상대방의 감정 또한 잘 헤아릴 수 있게 된다.

"오늘은 동화책을 읽고 독후화를 그려보는 시간!" 내가 있는 테이블로 아이들이 옹기종기 모여 앉는다. 책을 읽어주는 것은 한글을 읽을 수 있는 아이들에게도 흥미로운 시간임이 틀림없다. 나는 처음에는 책 읽듯이 글자를 전달해주는 사람이었다. 이런 재미없는 독후화 수업에서 아이들의 '하품과 딴짓'이 보였기 때문에 나의 실수를 알 수 있었다. 이런 반응이 온다는 것은 그 방법이 흥미롭지 못하기 때문이다. 아이들의 반응과 흥미에 집중해야 한다. 연기하며 읽어준다던가 인물에 따라 목소리도 바꿔주어야 한다. 그렇게 하니 아이들의 태도와 집중도가 달라지는 것을 느꼈다. 아이들은 내 말투와 표정 그리고 목소리의 높낮이, 크기에 따라 함께 표정이 달라짐을 느꼈다. 6~7세 그리고 초등 1학년 아이들에게 독후화 수업을 주기적으로 진행한다.

『잭과 콩 줄기』라는 동화책을 읽어주었다.

"잭이 소와 바꾼 것은?"

"잭이 훔친 것은 어떤 것들이 있을까?"

"거인의 보물을 훔친 잭은 착한 사람일까? 나쁜 사람일까?"

"콩 줄기를 타고 올라가기 전에 잭은 어떤 기분이었을까?"

"집 앞에 하늘까지 닿아 있는 콩 줄기가 생긴다면 어떻게 할까? 그 이유는?"

이런 질문들을 만들어서 아이들의 감정을 알아보았다. 감정이 어떤가에 초점을 맞추면 아이의 성격과 성향이 파악된다. 그래서 개인 특성에 맞게 지도할 때 도움이 많이 된다. 독후화 수업은 나에게도 제자들과 더욱 친밀해지는 시간이다.

수업을 진행하는 도중에 다른 책상에서 그림을 그리던 5학년 제자가 나에게 물었다. "그런데 콩 줄기를 도끼로 베서 거인이 떨어져 죽었는데, 그거 살인 아닌가요?" 어린이들이 읽는 동화가 은근히 마무리가 잔인하다며 나에게 자신의 의견을 말해주었다. 사실 세계명작동화의 원작을 보면 끝이 잔인하거나 원작의 의도가 지금의 동화와는 다소 차이가 있다. 하브루타 수업의 효과가 여기서 나타났다. 그 이유는 하브루타는 논쟁이 어느 정도 가미돼야 진짜이기 때문이다. 고학년 제자는 내가 저학년 제자들에게 설명하는 것을 듣고 치고 들어온 것이다. 원래 하브루타는 궁금증이나 묻고 싶은 의견을 자유롭게 대화, 토론, 질문하면서 하는 수업 방식이기 때문이다. 긍정적인 결과라고 생각한다. 내 아이가 이런 확장된 사고로 판단하고 의견을 제시한다고 생각해보자. 뿌듯할 것이다.

독서로 꾸준하게 아이의 감정을 들여다봐야 한다. 그리고 엄마의 다정한 말투로 진행되면 더 좋다. 굳이 구연동화를 하듯이 오버하지 않아도 좋다. 엄마와 함께 독서를 하면서 대화를 나누고 엄마의 목소리를 듣는 것이 아이에게 가장 중요하기 때문이다. 책을 읽어주면서 아이에게 등장

인물의 감정은 어떠한지 물어보며 아이의 생각과 감정도 들여다볼 수 있다. 꾸준히 책을 읽은 아이라면, 책이 전달하려는 교훈을 알아가는 과정에서 지금 생활의 경험, 느끼는 감정 등을 비교하거나 비유할 수 있다. 함께 대화하며 독서를 통해 알게 된 아이의 감정을 들여다보는 소중한 시간이 될 것이다.

매일매일 하브루타 : 실천하기 11

내 아이가 가장 좋아하는 책에 대해서 적어주세요.

제목 :

내용 :

하브루타 질문 만들기 :

교훈 :

함께 나눈 대화 :

07 온 가족 식사시간에 감정 대화를 시작하라

온 가족 식사시간, 아이들과 이야기할 최고의 타이밍

'백 명의 스승보다 한 명의 아버지가 낫다.'는 말이 있다. 이 말은 아이의 가정교육이 무엇보다 중요하다는 뜻을 의미한다. 아이는 태어나서 부모에 의해 양육되기 때문에 인성교육은 가정에서 이루어져야 한다. 한 번 형성된 성격은 달라지기 힘들고 학교나 다른 어떤 곳에서도 바뀌기는 어렵다.

어느 날 오빠가 사고를 쳤다. 말티즈 강아지를 덜컥 집으로 데리고 온 것이다. 부모님께서는 동물과 사람이 함께 지내는 것은 상상해본 적도 없으셨기 때문에 집안 분위기가 좋지 않았다. 어느 날 가족이 식탁에 앉아 저녁 식사를 하려는데 맛있는 음식 냄새로 인해 강아지도 식탁 밑으로 오는 것이 아닌가. 행복이는 앞다리를 드는 행동과 '낑낑'거리는 소리로 애교를 보여주었다. 강아지 한 마리로 인해 가족이 모두 웃었다.

이후에도 식사시간은 행복이를 키우면서 일어난 가족의 심리, 감정, 행동의 변화에 관해서 많은 대화를 나누는 시간이 됐다. 대화하며 식사 분위기도 한층 긍정적으로 바뀌었다. 그래서 식사시간은 자연스럽게 가족회의를 하는 시간으로 변했다. 현재 오빠는 결혼해서 분가했다. 이제 나는 세 식구가 식사하는 시간을 꼭 지키려고 한다. 하루 동안 있었던 이야기를 꺼내면서 내 소식을 전하고 부모님께서 하루를 어떻게 보내셨는지 여쭈어본다.

"요즘 물건도 잘 안 팔리는데 네 아버지는 자꾸 물건을 많이 사. 그거 다 팔지도 못하고 반은 버리는 거 같아."라고 어머니께서 말씀하셨다. 그러면 나는 어머니의 감정에 공감하며 위로의 말을 전한다. 반대로 듣고 계시던 아버지께서 어머니의 의견을 들으시고 다음 날 평소보다 물건을 적게 주문해 서로 배려해주신다.

유대인 부모들은 식사시간에 아이와의 대화를 습관처럼 나눈다. 아이의 문제나 고민, 친구 관계, 태도, 관심사, 감정 등에 대해 대화하면서 왜 그렇게 행동하고 생각하는지 질문을 한다. 그저 아이가 스스로 생각하고 그것을 깨우치는 과정을 기다려주고 계속해서 격려해준다. 유대인의 문화와 우리나라의 문화는 다소 차이가 있다. 하지만 아이들에게 진정한 가정교육을 가르칠 시간은 온 가족이 모두 모인 식사시간이 최적의 타이밍이다.

우리나라는 입안에 음식이 있으면 말을 삼가야 한다고 생각한다. 그리고 대화를 많이 하지 않다 보니 식사 속도가 빠르다. 식사를 마친 사람은 먼저 일어나는 경우가 대부분이고 식사 후 정리는 엄마의 몫으로 남아버린다. 하지만 식사를 마쳐도 자리를 뜨지 않고 아이와 대화를 나누는 데 집중한다면 그날 있었던 아이의 하루, 새로운 관심사, 속상한 일 등을 파악할 수 있다. 함께 시작한 식사는 함께 정리하며 배려와 협동심을 배우는 좋은 기회가 되기도 한다. 아이의 올바른 인성이란 바로 가정에서 사소한 습관들로 인해 생겨나는 것이다.

온 가족 식사시간에 감정 대화를 하는 이유는 무엇일까? 아이의 인생 교육을 위해 하는 감정 대화 시간이다. 모든 교육과 배움은 부모의 가르침에서 시작하기 때문이다. 식사시간 외에 가족이 모두 모일 시간이 없으니 부모는 아이들과 이야기할 타이밍을 놓치고 만다. 함께 식사하며 아이들은 공부나 친구 문제로 힘든 상황을 위로받으면 좋다.

온 가족 식사시간에 주의해야 할 점이 있다. 바로 아이의 말에 경청해야 한다. 아이의 의견이 무시된 잔소리 가르침은 오히려 스트레스의 원인이 된다. 아이가 부모에게 존중받고 대우받고 있다고 느끼면 아이도 똑같이 부모를 존중한다.

아이의 말에 공감해주는 것도 중요하다. 공감하기 위해서는 진심이 섞인 설명이 뒷받침되어야 한다. 가령 "친구가 그때 나를 놀려서 화가 났어."라고 말한다면 아이 마음을 먼저 다독여준다. 상황을 묻고 그 상황을 생각하면서 공감하는 말로 위로를 해주는 것이 좋다. "친구가 왜 너를 놀렸을까?"라고 하는 것보다 "네가 화가 많이 났겠구나."라고 먼저 말해줘야 한다. 아이는 자신의 감정을 먼저 알아준다고 느껴 감정이 안정된다. 아이에게 지나친 잔소리나 훈육이 되지 않도록 부드럽게 대화해야 한다.

수평적인 관계를 유지하고, 아이와 대화한다는 생각으로 다가간다면 아이도 부모와의 감정 대화시간을 기대하게 될 것이다. 기억해야 할 것은 아이가 어릴수록 받아들이기 수월하다.

아이의 감정을 헤아려주는 식사시간

온 가족 식사시간에 감정 대화를 실천하려면 어떻게 해야 할까? 우선은 부부가 합의해야 대화를 나누기 편하다. 다음으로 모든 가족이 함께 참여한다는 인식이 필요하다. 요즘 가족 구성원의 수는 적기 때문에 한 명이라도 빠진다면 온 가족 감정 대화는 이루어지기 힘들다.

매주 평일 저녁 식사시간 또는 주말 중 하루의 식사시간을 정한다. 무슨 일이 있어도 약속을 지키고 초반에는 30분 정도 대화를 실천해보는 것이 좋다. 그러면서 점차 시간을 늘려가며 가족에게 맞는 적정한 시간을 정한다. 보통 1시간 이상을 추천한다.

쉽고 간단한 주제로 시작을 해야 한다. 가족들에게도 생소한 주제는 감정 대화에 반감이나 거부감이 생긴다. 예를 들면, 아이들의 현재 관심사, 이루고 싶은 꿈 등으로 이야기를 시작해보자. 내가 제자들에게 자주 하는 질문인데, 아이들의 대부분은 꿈을 확실하게 정해놓지 않고 있다. 그리고 시간이 지나면서 꿈도 바뀐다. 그래서 미래를 상상해보는 편한 대화 시간이 되어야 한다.

"나 자신을 어떻게 생각합니까?"
"내가 좋아하는 것은 무엇인가?"
"내 장점은 무엇인가?"
"이루고 싶은 목표나 꿈은 무엇인가?"
"꿈을 이루기 위해서 어떤 노력을 해야 하나?"

단기간에 목표한 것을 이루기 위한 대화도 좋다. 부모가 어린 시절 상상했던 꿈은 무엇이었는지를 먼저 이야기하면 좋다. 아이는 부모의 이야기를 듣고 쉽게 소통하는 시간을 갖는다. 나 역시 아이들의 의견을 듣기 전에 미리 내 이야기를 많이 들려주는 편이다. 그러면 아이들은 이내 말문을 열고 많은 이야기를 쏟아낸다.

꿈이 아니어도 식사시간에 먹는 음식을 주제로 삼아도 좋다. 학원에서 두부, 마른오징어, 빵, 과일 등을 그린 후 함께 나눠 먹는다. 이런 수업을 할 때 나는 많은 질문을 던진다.

"두부와 비슷하게 생긴 도형은?"

"두부는 무엇으로 만들었을까?"

"두부로 내가 어떤 요리를 개발할 수 있을까?"

"요리는 얼마에 팔고 싶은가?"

요리대회에 참가한 쉐프가 되어보라고 말해준다. 일등을 하면 상금 1천만 원을 받는다고 상상한다. 그래서 두부를 보이는 그대로 그리는 것도 좋지만 상상해서 멋진 요리로 재탄생 시켜도 좋다고 말한다.

나는 가족 식사시간이 내가 하려는 사업에 관해 이야기하기 좋은 타이밍이라고 생각해서 자주 말씀을 드렸다.

"학원을 인수하는 것이 좋을까요? 아니면 홈스쿨링을 해볼까요?"

그 뒤부터는 부모님과 끊임없는 대화가 이어졌다. 부모님의 경험과 지혜를 경청할 수 있는 시간이 됐다. 부모님께서는 나를 물가에 내놓은 어린아이처럼 걱정하신다. 그런데 식사 시간에 나눈 대화를 통해 이제는 혼자서 사업을 해도 믿음직스럽다는 판단을 하신 눈치다. 누구보다 부모님의 격려와 칭찬 한 마디를 바랐던 내 맘에 단비가 내렸다.

점잖게 식사를 하는 시대는 이제 끝났다. 가족이 모두 모인 자리, 그때가 내 생각과 지금의 심정과 감정을 말할 수 있는 좋은 타이밍이다. 식사시간에 부모가 아이의 감정을 헤아리고 다양한 질문과 대화를 이끌어간다면 아이는 부모에게 사랑과 관심을 받는 존재라고 생각한다. 그날 속상했던 이야기를 하면서 감정을 치유 받았다고 느낄 것이다. 부모님은 항상 잔소리만 하는 사람인 줄 알았는데 내 기분을 헤아려주니 식사시간이 기다려질 것이다. 그러면 안 먹던 반찬을 골고루 먹겠다는 약속도 할 것이다. 학교생활을 하면서 부모님과 식사시간에 나눈 대화를 자랑스럽게 이야기하고 다닐 것이다. 아이들은 친구들에게 이렇게 자주 말하지 않는가?

"우리 엄마, 아빠가 그랬거든!"

매일매일 하브루타 : 실천하기 12

온 가족 식사시간에 공통 관심사를 찾아 이야기 나눠보세요.

1. 뉴스, 신문에 나온 화제의 사건

   (세월호 사건을 주제로 질문과 대화)

2. 가정에서 일어나는 문제나 사건

   (시골에 내려가는 부모를 대신해서 집에 남은 자녀들이 부모의

일을 어떻게 분담할 것인가?)

3. 자녀의 학교생활 중 어려운 점

   (수업에 집중이 잘 안 되는데 좋은 방법이 있나요?)

08 베드 타임 독서로 엄마의 사랑을 전달하라

베드 타임 독서는 밥 먹듯이 습관처럼

아버지는 가게를 운영하셔서 오빠와 내가 잠자고 있을 때 일하러 나가시곤 하셨다. 아버지는 조용히 방으로 들어오셔서 내 얼굴을 쓰다듬거나 이불을 정리해서 덮어주고 다시 나가셨다. 나는 이것을 왜 기억할까? 그 이유는 이불을 걷어차고 자는 나를 조심히 이불속에 넣어주는 아버지의 배려가 너무나 좋았기 때문이다.

얼굴이나 머리를 쓰다듬어주시거나 볼에 뽀뽀를 해주시는 아버지에게서 사랑과 애정을 느꼈다. 내 기억으론 내가 어느 정도 성장할 때까지 아버지는 지속해서 애정을 표현해주셨다. 그래서 나는 사랑받고 있다고 생각하며 자라왔다.

아이에게 잠자리에서 이루어지는 부모와의 스킨십은 평생 잊지 못할 기억이다. 30년이 지난 지금도 나는 생생하게 기억하기 때문이다. 그렇다면 부모와 함께 잠자기 전에 책으로 대화하며 스킨십을 나누어 보는 것은 어떨까?

부모는 일과를 끝내고 꿀 같은 잠자리에 들고 싶다. 아이 역시 마찬가지로 잠자리에 들기 전이 행복한 시간이다. 부모가 읽어주는 책으로 아이는 잠자기 전에 하루를 마무리하는 시간을 갖는다. 아이는 부모가 들려주는 이야기를 들으며 행복한 꿈나라로 향한다. 부모가 아이와 책을 통해 느낀 점을 이야기한다면 아이의 감정을 들여다보는 시간도 될 수 있다.

아빠가 읽어주는 베드 타임 독서는 아이에게 엄청난 경험을 선사한다. 아빠는 엄마와 다른 존재이고 양육 방식 또한 차이점이 있다. 그래서 책을 읽어주는 아빠의 음성과 표정 등은 아이에게는 엄마와 다른 새로운 경험이다. 베드 타임 독서의 분위기는 잠들기 전에 하는 의식과 비슷해서 차분하고 어두우며 따뜻한 분위기를 조성해야 한다. 이런 분위기에서 아빠의 나지막한 음성과 편안한 표정은 아이에게 안정감을 준다. 아빠의 지속적인 베드 타임 독서로 아이는 부모에게 골고루 사랑받고 있다고 느낀다. 강조해도 지나치지 않은 베드 타임 독서는 아이가 생후 6개월부터 시작해서 적어도 10살이 될 때까지 지속하기를 추천한다.

하지만 베드 타임 독서가 쉬운 것은 아니다. 베드 타임 독서가 좋은 것은 알지만 상황과 여건이 어려운 경우가 있다. 부모도 사람이므로 온종일 일과 양육으로 몸이 피곤하다. 그리고 아이가 집중을 못 할 수도 있다. 최근 아빠 육아 참여도가 높아지고 육아에 관심을 두는 아빠의 비중이 늘고 있지만, 여전히 책을 읽어주는 일은 현실적으로 힘들다. 하지만 상황과 여건이 안 돼서 베드 타임 독서를 실천하는 것이 힘들다고 느낄수록 좋은 기회이다. 무엇이든지 꾸준한 노력 없이 이루어지는 것은 없다. '시작이 반'이라는 말이 있듯이 쉽게 차근차근 이루어 나가는 방법을 추천한다.

부모는 단 10분만 번갈아 가면서 베드 타임 독서를 실천해보면 좋다. 무엇보다 내 아이를 사랑하고 미래를 위해서라면 최고의 방법으로 관심을 기울여야 한다. 그래서 마음을 다잡고 밥 먹듯이 습관처럼 해야 한다. 부부간에 약속을 정해 어기는 사람에게 소원을 들어주는 등 규칙을 세우는 방법도 좋다. 이런 마음을 지니고 베드 타임 독서를 실천한다면 아이는 부모의 포근한 품에서 근사한 하루를 마무리할 수 있다.

귀중한 독서습관을 선물하기

왜 이렇게 베드 타임 독서가 중요할까? 그리고 아이에게 긍정적으로 미치는 영향은 무엇인지 다음과 같이 정리를 해보았다.

첫째, 새로운 세포 형성을 촉진한다. 미국 '소아과학회'의 연구 결과에 따르면 책을 읽어주는 소리는 아이의 두뇌를 자극한다고 전한다. 뇌를 자극하는 호르몬이 발생하여 다음과 같은 영역을 자극한다.

둘째, 책이라는 시각적 수단으로 아이는 눈이 즐겁다. 부모의 목소리로 언어나 어휘력에 관련된 청각적인 자극을 받는다. 아이는 부모가 들려주는 이야기에 집중하므로 어휘력과 청취력도 향상된다. 스킨십이 동반된 베드 타임 독서시간은 촉각을 발달시키며 나는 '사랑받고 있는 존재'라는 것을 느끼게 한다.

셋째, 집중력 향상에 좋다. 소음이 적은 밤에 하는 독서로 짧은 시간이지만 집중도가 더 높아진다. 조용하고 포근한 분위기의 베드 타임에 하는 10~20분의 독서가 아이의 인생에 커다란 영향을 준다. 이때는 다양한 장르의 이야기를 부모가 선택해 들려줌으로써 아이가 좋아하는 책만 읽는 편독하는 습관을 막을 수 있다. 아이는 다양한 책에서 얻을 수 있는 교훈을 부모와 교감 또는 대화를 나누며 알아가므로 인성교육에도 영향을 준다.

넷째, 심리적으로 안정된다. 아이는 부모와 가까이에서 살을 비비며 책을 읽으므로 서로의 목소리, 움직임, 표정, 스킨십 등을 통해 정서적 안정감을 느낀다. 이런 안정감은 아이가 부모를 믿고 신뢰할 수 있는 존재라고 느끼며 타인에게도 사랑을 주는 사람으로 성장한다. 그리고 아이가 독서로 안정감을 느끼면 잠투정이 줄고 쉽게 잠을 잘 수 있다. 베드타임에 부모와 대화를 통해 아이가 책에 대한 거부감이 줄어 어린 시절부터 책과 친하게 된다. 책과 친해지면 결과적으로 아이의 상상력과 창의력도 자라게 된다.

베드 타임 독서를 거창하게 생각하지 않도록 주의해야 한다. 잠자리에 들기 전에 아이와 나누는 대화라고 생각하면 쉽다. 편하게 책을 통해 이야기를 나누고 교감한다고 생각해야 한다. 사람은 마음먹기에 따라 달라진다. 부모가 특별한 부담과 사명감을 가지고 베드 타임 독서를 실천한다면 곧 힘에 부칠 수 있다. 부모는 편안한 마음으로 습관화하는 것이 중요하다. 처음에는 10분, 밥 먹듯 습관처럼 몸에 익숙해지게 하는 것이 우선이다. 그 이후에는 20분, 30분으로 늘려가며 대화의 내용이나 질을 높여갈 수 있다.

처음부터 완벽하게 하려고 욕심내지 않고 꾸준하게 실천하는 것이 무엇보다 중요하다. 아이는 베드 타임 독서를 통해 부모의 음성으로 전달되는 새로운 세상과 문화, 교훈을 알게 되어 평생 독서습관을 선물 받는다. 현명한 부모는 아이에게 값비싼 물질적인 선물보다 돈으로 살 수 없는 귀중한 독서습관을 선물해준다.

베드 타임 독서와 뇌의 연상 작업

고등학생 시절 다니던 미술학원에서 입시처럼 실기 시험을 본 날이 기억난다. 실전과 같이 주어진 시간 안에 석고상을 관찰하며 연필로 표현해야 한다. 이번 주 금요일에 실기시험을 치르고 다른 학원 원장님들께서 방문해 채점을 도와주실 거라며 원장님께서 말씀하셨다.

나는 그 한 주 동안 실기 시험을 위해 처음으로 집중했던 기억이 난다. 이미 학원에서 그림을 그리고 연습을 해왔지만, 형태 표현에 부족함을 느끼고 있었다. 스케치가 비례에 맞지 않으니 연필로 명암을 넣는 작업 또한 자연스럽게 연결되지 않았다. 학원을 마치고 집에 돌아와 잠들기 전 형태에 관한 입시 잡지를 살피고 석고상 그리기를 반복했다. 그림을 그리다 보면 시간이 훌쩍 지나는 줄 모른다. 그 1주일은 평소보다 늦게 잠이 들었지만, 마음은 편했다. 꿈에서 내가 그림을 그리는 꿈을 꿀 정도면 집중했다고 말할 수 있다. 금요일, 학원에서 흔히 모의고사처럼 테스트가 진행됐다. 내가 전날 연습했던 순간이 떠오르고 자신감이 생겼다. 테스트 결과 최고 점수를 받지는 못했지만 나는 평소 실력보다 많이 늘었다고 칭찬을 받았다.

뇌는 자기 전 학습한 내용을 자는 동안 되새기는 연상 작업을 쉼 없이 한다. 미국의 정신의학자 스틱 골드는 2000년, 인지신경과학 잡지에 "뭔가 새로운 지식이나 기술을 익히려면 그것을 외우거나 배운 당일 6시간 이상 잠을 자야 한다."라는 연구결과를 발표했다. 한숨도 자지 않고 머리에 주입한 기억은 측두엽에 각인되지 않고 여러 날이 지나면 사라지기 때문이다. 즉, 잠을 자는 동안에 기억이 정리 정돈되어 정착하는 것이다. 이것이 바로 잠의 '메커니즘'이라고 말한다.

잠자기 전의 독서 활동이 생각보다 아이에게 큰 영향을 미치는 점에 주목해야 한다. 베드 타임에 꾸준히 책을 읽어주면 교감과 스킨십을 나누어 긍정적인 아이로 자라도록 돕는다. 아이가 글을 읽거나 못 읽더라도 부모와 함께 대화하는 베드 타임 독서로 뇌 발달 효과를 볼 수 있다. 동시에 평생 잊지 못할 추억을 만들어 준다면 아이는 사랑받는 존재임을 깨닫고 건강하게 성장한다. 아빠가 들려주는 음성이 아이에게 더 새롭고 좋은 효과를 보인다고 앞서 말했다. 아빠는 바쁘고 힘들겠지만, 일주일에 두세 번 정도는 베드 타임 독서를 약속해보자. 베드 타임 독서는 미래를 책임질 내 아이에게 주는 소중한 선물이기 때문이다.

아이가 잠자리에 들기 전에 좋아하는 책을 읽어주세요.

10분에서 15분 정도 읽어주며 아이가 행복한 꿈나라로 갈 수 있게 도와주세요.

4장

엄마 감정 다스리는
8가지 하브루타

"어머니가 두르고 있는 앞치마는
자식의 모든 잘못을 감싸줄 만큼 크다."

01 의사소통보다 애착 관계를 먼저 가꿔라

애착유형과 부모의 양육방식

엄마가 잠깐 자리를 비우면 울고 떼를 쓰는 아이가 있고 차분하게 기다려주는 아이도 있다. 엄마가 다시 돌아왔을 때 엄마가 밉다며 더 흥분하고 열을 올리는 아이가 있고 안심하고 엄마의 품에서 안정감을 느끼는 아이가 있다. 이렇듯 다양한 아이들의 반응은 애착유형에 따라 나뉜다.

EBS 〈부모 아이 발달〉은 애착유형을 네 가지 종류로 나누었다. 안정형, 회피형, 양가 저항형, 혼동형 애착이다.

안정형 애착 유형은 엄마와 떨어지는 상황이 되면 울먹이고 두려워하지만, 다시 엄마를 만나면 안정을 되찾는다. 나이가 어린 아이일수록 엄마와 떨어지는 것을 조금은 두려워한다. 이제 갓 6세가 된 희수는 처음에는 눈물을 보였다. 나는 최대한 아이가 불안하지 않게 흥미로운 재료를 만지고 놀아도 된다고 말해줬다. 아이는 재료에 관심을 보이고 구경했다. 희수는 엄마 없이도 50분의 체험 수업을 잘 마쳤다. 엄마가 돌아온 순간 한걸음에 뛰어가 엄마의 팔에 매달렸다. 희수는 엄마에게 수업이 재미있었다며 미술을 배우고 싶다고 말했다. 아이는 엄마를 본 순간 이내 안정을 되찾은 것이다.

회피형 애착유형은 엄마와 떨어져도 울지 않는다. 다시 만났을 때도 엄마를 반기지 않는다. 낯선 사람을 잘 따를 수도 있기 때문에 위험에 노출되기 쉽다. 놀이학교에 근무했을 당시 만났던 4살 가영이가 기억난다. 가영이를 처음 만났을 때 4세가 막 되었기 때문에 아기의 느낌이 들었다. 하지만 엄마와 떨어지는 것을 어려워하지 않았다. 하원 시간, 가영이는 엄마를 만나고도 무덤덤한 반응을 보였다. 엄마를 반기지 않으니 엄마는 심지어 "그럼 선생님 집에 가서 살아."라는 말을 하셨다. 아이는 알겠다며 엄마에게 손을 흔들었던 기억이 난다.

양가 저항형 애착유형은 엄마와 떨어지기 전부터 그리고 떨어질 때도 격렬하게 반응한다. 엄마가 돌아와 안심시켜도 엄마를 때리기도 한다.

내가 부모에게 어떤 대우를 받길 원했는지 생각해보고
아이의 입장을 고려하여 어떤 양육을 해야 하는지 생각해보아야 한다.

4장_엄마 감정 다스리는 8가지 하브루타

이후에는 엄마와 절대 떨어지지 않으려고 껌딱지가 되는 경우이다. 놀이 학교의 아이들이 나이가 어리다 보니 간혹 이런 반응을 보이곤 했다. 특히 학기 초 입학 시즌에 많이 볼 수 있는 현상이다. 한 어머니는 아이가 분리불안으로 스트레스를 받을 것을 예상하여 중간에 아이를 데리러 오셨다. 돌아오신 어머니는 아이에게 입을 꼬집히고 얼굴을 맞기도 했다.

혼동형 애착유형은 엄마를 다시 만났을 때 어리둥절한 행동을 보인다. 엄마가 없을 때 찾으러 가기는 하지만 엄마가 바로 나타나면 그대로 '얼음'이 되는 경우가 이에 속한다. 그리고 뒤돌아서 자기 자리로 돌아간다. 조금은 이해할 수 없는 행동을 보인다.

왜 이런 다양한 애착유형을 보이는 것일까? 그것은 바로 부모의 양육 방식에 답이 있다. 사람은 각자의 고유한 성향을 가지고 태어나지만 태어난 이후 환경과 부모의 양육법에 의해 다양한 사람으로 성장하기 때문이다. 부모 밑에서 보고 듣고 느끼며 자랐기 때문에 부모의 행동과 말하는 방법, 심지어 생각까지 배운다. 바로 대물림 현상이 이루어진다.

애착은 아이의 인생에 가장 중요하기 때문에 대물림 현상에 주의를 기울여야 한다. 3대에 걸쳐 조사한 결과 안정적이지 못한 대물림 현상을 보이는 연구결과도 있다. 잘못된 애착의 대물림을 막기 위해서는 자기 자신을 되돌아보는 일이 중요하다. 어린 시절 경험을 떠올리며 자신의 마음을 추스르는 것이 우선이어야 한다. 마음이 추슬러지면 부모님의 행동과 자신의 행동을 비교하며 그대로 대물림된 것들은 없는지 돌아봐야 한다. 내가 부모에게 어떤 대우를 받길 원했는지 생각해보고 아이의 입장을 고려하여 어떤 양육을 해야 하는지 생각해보아야 한다.

엄마의 양육 태도가 아이에게 영향을 미친다

엄마의 양육 태도는 아이와 떼려야 뗄 수 없는 애착 형성에 영향을 미치므로 책임감을 느껴야 한다. 엄마의 양육 태도가 얼마나 중요한지 간단히 정리해보았다.

안정형의 아이는 따뜻하고 일관적인 양육 태도에서 볼 수 있다. 아이가 엄마를 필요할 때 곁에 있어주고 울면 바로 반응해주는 행동에서 엄마의 사랑을 확인한다. 엄마가 혼을 내더라도 나를 사랑하고 있다는 마음을 내면에 단단히 지니고 있다. 그래서 엄마와 떨어졌다가 다시 만나 토닥임을 해주면 이내 안심하고 방긋 웃는다.

회피형의 아이는 엄마의 무반응 태도에서 비롯된다. 혹은 반대로 과잉보호를 할 경우에도 발생한다. 또한 엄마의 양육 태도가 무척 엄하고 무서울 때도 해당한다. 회피형 애착이 형성되는 원인은 다소 다르지만, 아이의 반응으로 알 수 있듯이 피하는 행동을 보인다. 무서워서 그리고 무시하는 반응에 질려서 피하는 모습을 보인다. 또는 엄마의 '귀여운 내 새끼'와 같은 과잉보호에 지겨워 피하기도 한다.

양가 저항형의 아이는 일관성이 없는 엄마의 양육 태도에서 보인다. 엄마의 기분에 따라 좋으면 잘해주고 감정이 상하면 아이에게 나무라고 짜증을 낼 때 영향을 미친다. 그리고 아이가 원하는 반응을 보여주어야 하는데 그 순간을 놓친다. 그러고 나면 아이는 엄마에게 온몸으로 격렬하게 표현해야 반응하므로 과격한 행동들을 보이는 것이다.

혼동형의 아이는 엄마의 마음이 불안정하고 고민이나 해결할 문제가 많을 때 아이에게 영향을 미친다. 예를 들어, 엄마가 트라우마가 있어 힘든 상황이다. 그런데 아이는 기분이 좋아 혼을 쏙 빼놓기도 한다. 엄마는 이런 아이에게 순간 욱한다. 아이는 갑자기 화를 낸 엄마의 모습이 무서워 눈치를 본다. 엄마가 화를 낼까봐 매사 소극적인 태도를 보인다. '엄마와 함께할까? 말까? 그냥 하지 말아야지.'라는 생각으로 뒤돌아선다.

엄마와의 애착은 3세 이전에 꼭 형성돼야 한다. 아이와 애착을 위해서 노력하는 엄마에게는 반드시 아빠를 비롯한 가족들의 이해와 책임 의식이 필요하다. 엄마가 정서적으로 안정돼야 아이와 애착 형성이 가능하기 때문이다. 또한, 아빠나 다른 가족들은 엄마를 도와준다는 개념으로 접근하면 안 된다. 책임감을 느끼고 함께 양육에 힘써야 한다. 해보지 않아서 못 한다는 것은 핑계일 뿐이다. 엄마도 아이를 낳고 키우는 것을 처음 해보았기 때문이다.

부모는 애착 형성을 위한 책을 읽거나 검색을 통해 관련 정보를 알고 있는 것이 좋다. 그렇게 얻은 정보를 가지고 '스스로 원칙'을 세워야 한다. 아이의 성향과 발달 단계에 맞춰 꼭 3세 이전에 애착 형성하기를 우선으로 생각해야 한다.

갓난아기는 자주 안아주거나 성장 마사지를 해주며 스킨십을 많이 해주면 좋다. 자주 칭얼대면 자주 안아주고 원하는 것을 최대한 들어주도록 노력해야 아이가 안전하다고 느낀다. 모유를 먹이는 것이 좋다고 하지만 모유 수유가 어려운 상황에서는 아이를 안고 우유를 먹이며 교감에 집중하면 된다. 아이의 옹알이나 새로운 몸짓, 행동에 세심하게 반응해주고 눈을 자주 맞춘다.

두 돌에서 6세에는 아주 중요한 시기를 포함하고 있다. 바로 3세 이전에 애착 형성에 주력을 쏟기 때문이다. 이 시기에 아이와 거의 한 몸이라고 생각해야 한다. 만약 보육시설에 맡기게 된다면 최대한 짧은 시간을 생각해서 보내야 한다.

육아하며 아이와 제대로 대화가 통하지 않는다고 하소연하는 엄마도 있다. 사실 그럴 때일수록 애착 관계를 먼저 돌아보아야 한다. 왜 어린 시절 애착이 중요할까? 아기는 엄마와의 애착 형성으로 존재의 안정감을 느끼기 때문이다. 생후 바로 이어지는 애착은 아기에게 안정감과 신뢰감을 준다. '나는 안전하구나. 엄마는 나를 보호하고 사랑해주는구나.'

라고 느끼게 해주면 성장하면서 정서적으로 안정된다. 그리고 감정이 안
정되면 감정 조절에도 긍정적인 영향을 미친다. 이런 중요한 애착은 말
을 못 하는 아기 때부터 시작해야 그 이후 아이의 자존감, 자신감, 사회
성, 인생관에 좋은 영향을 미친다.

애착은 일상에서 주로 이뤄집니다.

아이가 이렇게 행동할 때는 엄마가 인내심을 가지고 다음과 같이 반응

해주세요.

- 늘 징징대고 안아달라고 하는 아이

– 아이의 말을 들어주는 것이 중요합니다.

- 위험한 행동을 자주 하는 아이

– 보호받고 있다는 믿음을 주어 안정감을 느끼게 해줍니다.

- 강박적이고 변화를 싫어하는 아이

– 양육의 일관성을 유지해줍니다.

- 기운이 없고 풀이 죽어있는 아이

– 꾸준한 관심과 애정을 보여줍니다.

- 지나치게 순종적이며 배려하는 아이

– 아이가 의지할 수 있는 부모가 되어줍니다.

02 엄마의 큰 욕심은 공든 탑을 무너트린다

아이의 창의성과 상상력에 날개를 달아주자

어머니들과의 상담을 통해 내 아이가 그림을 잘 그리길 바라는 어머니들의 마음을 알고 있다. 보통 엄마들은 아이의 그림 실력이 부족하다는 생각으로 미술학원에 문을 두드린다. 미술학원을 처음 다니는 아이는 미술에 관심이 생겨서 학원에 다니고 싶어 한다.

실력이 부족해서 다녀야 한다는 말을 하는 아이는 엄마가 평소에 가지고 있던 생각을 아이에게 심어주었을 가능성이 높다. 분명 엄마는 아이가 그린 그림을 보고 지나가는 말로 아이의 그림을 평가하거나 더 잘 그렸으면 하는 마음을 내비쳤을 것이다. 아이는 그런 엄마의 말을 듣고 자신의 실력에 부족함을 느껴 학원에 다녀야 한다는 생각을 하는 것이다.

반면에 아이 스스로 그림을 잘 그리고 싶은 마음에 미술학원을 다니는 경우도 있다. 대부분 이런 생각을 하고 온 아이들은 자신이 못 그린다고 생각하지 않고 어느 정도 실력은 되는데 더 배우고 싶기 때문에 학원에 다니고 싶어 한다. 마음가짐부터 확연히 차이가 난다.

6~9세 연령의 아이는 학원에서 배우는 새로운 기법에 재미를 느끼고 다양한 재료를 접하는 것에 의미를 둔다. 기대감에 들떠 수업하러 온 아이들이다. 형태가 정확하지 않다거나 색칠을 못 한다는 생각은 그림을 평가하는 누군가를 통해서 느낀 것이지 아이 스스로는 그렇게 느끼지 않는다. 보통 어머니들은 "우리 애가 사물이나 사람을 잘 못 그려요.", "초등학교에 들어갔으니깐 형태라도 잘 그려야 할 텐데."라고 걱정하신다. 대부분의 학부모님이 학원 입학 상담 때 보이는 반응이다.

물론 아이가 미술을 즐기는 것을 존중하는 엄마도 있다. 아이의 그림 속에는 작은 창조의 세계가 존재한다. 그림 곳곳에 아이만의 아이디어와 생각이 가득 차 있다. 나는 아이가 표현하고 싶어 하는 것을 좀 더 근사하게 그리길 원하면 도와주는 사람인 것이다. 아이의 상상력을 끄집어내고 인정해주고 잠재력을 키워주는 역할을 하는 사람이다. 명령이나 지시를 하는 사람이 아니다. 아이는 자신이 그린 그림을 설명하고 재잘재잘 이야기한다. 더 많이 이야기를 들어주지 못하는 게 아쉬울 뿐이다. 하지만 엄마는 집에서 아이의 이야기를 충분히 들어줄 수 있다. 그리고 들어 줘야만 한다. 그래야 아이가 평소에 가지고 있는 관심사나 흥미를 발견할 수 있다. 지식과 정보를 쌓기만 하는 공부나 획일적인 수업시간에는 발견할 수 없는 아이의 내면을 발견할 좋은 기회이다.

예술의 나라 프랑스에는 '모든 학습은 미술에서 시작된다.'라는 말이 있다. 이 말은 미술의 중요성을 이야기하기보다 창의성, 상상력이 아이의 미래를 결정한다고 해도 과언이 아니라는 것을 의미한다. 아이가 좋아하고 원하는 학습에 초점을 맞추어 창의성과 상상력에 날개를 달아주자.

가장 하기 쉬운 실수는 비교이다

엄마는 왜 내 아이가 잘한다고 말하지 않나? 엄마의 높은 기대치가 존재하기 때문이다. 아이는 발달 단계에 잘 맞추어 성장해가고 있다. 플러스와 마이너스의 공식은 있을 수 있다. 행동이나 발달이 조금 느리고 약간은 남들보다 못 그리거나 못 읽을 수 있다. 잘 할 수 있다고 격려를 해주거나 힘내라는 말이 먼저 떠오르기보다 잔소리가 톡 튀어나온다. 하지만 한 가지를 기억해보자. 영아기 때 이후로 칭찬에 인색해졌다는 것을 발견할 수 있다.

아기가 고개를 들고 뒤집는 행동에 큰 감격과 행복감을 느꼈다. 소파를 짚고 안간힘을 써 스스로 일어났을 때 열렬히 환호하며 세상에 이런 대단한 일이 없다고 생각할 정도로 좋아했다. 첫걸음마를 혼자 힘으로 해낸 일, 옹알이지만 말을 내뱉기라도 하면 천재 같다며 호들갑을 떨던 모습을 기억해야 한다. 그런데 유아기나 아동기에 접어들면서 교육만을 중요하게 생각하며 아이에게 너무 많은 것을 바라는 건 아닌지 되돌아봐야 한다.

사랑하는 아이에게 가장 하기 쉬운 실수는 비교이다. 비교하는 말은 아이에게 커다란 상처가 된다. 아픈 상처를 계속 건드리면 상처는 낫지 않고 곪아서 덧나고 완치되는 데 시간이 오래 걸린다. 게다가 흉터 자국까지 남게 된다.

어머니들과 상담을 할 때 자주 듣는 말이 있다. "형이 그리는 것 반만 따라가면 얼마나 좋겠어요.", "다른 아이들도 이 정도는 하잖아요." 등의 말들을 하신다. 예전의 내 모습을 보는 기분이었다. 초보 선생이었을 때 하던 말이 떠오른다. "다른 아이들은 주제를 이렇게 큼직하게 그리잖니." 라는 말로 형태의 크기를 크게 그리도록 유도했던 기억이 난다. 이 말의 뜻이 틀린 것은 아니다. 하지만 내가 말하는 방식이 틀렸다. 비교하면서 말하면 아이의 감정이 상한다. 서로에 대해 부정적인 감정이 생기면 관계가 안 좋아진다. 신뢰도가 떨어지고 아이가 선생이나 엄마를 따라야 할 때 말을 안 듣는다. 그리고 자존감과 자신감이 낮아진다. 오랫동안 앙

금처럼 상처가 난 감정이 쌓이면 그 감정을 해결하기 위해서는 너무 큰 노력이 필요하다. 내가 경험해보았기 때문에 누구보다 말에 주의하면서 아이들과 이야기를 나누곤 한다.

대부분 어머니는 이렇게 아이에게 비교하는 말을 자주 한다. 왜 그럴까? 우선 엄마의 입장에서 보면 아이를 잘 양육해야 한다는 생각이 크기 때문이다. 내 아이가 다른 아이들보다 뒤처지면 안 된다고 생각하기 때문이다. 아이가 단체 생활이나 사회생활을 할 때 그 무리에서 등급이 낮은 아이가 될까 걱정한다. 아이가 뒤처지면 자신감과 자존감이 없는 사람으로 자랄까 걱정인 것이다. 하지만 아이는 남과 비교하는 말을 들으면 부정적인 생각이 싹튼다. 청소년기가 되어서는 아이도 누군가와 비교하게 되고 말대답이나 말대꾸를 하며 오히려 부모에게 상처를 주기도 한다.

자신감 있는 아이는 자신의 장점을 내세울 줄 안다

"이건 무엇을 그린 거니?" 제자가 무엇을 그렸는지 궁금하다. 그럴 때는 일단 물어봐야 한다. 아이가 그리려 한 것이 무엇이었는지 표현법을 몰랐으리라는 생각을 가지고 묻는다. 신이 나서 그림을 설명해주는 아이의 표정이나 감정이 무척 좋아 보인다. 알아볼 수 없는 그림을 그렸다고 해서 아이에게 '그게 아니고 이렇게 그려야지.'라고 말하지는 않는다. 나는 아이가 자기 생각을 담은 그림을 완성하도록 돕는 선생이다. 그래서 꼬마 화가의 멋진 설명은 꼭 경청해서 들어야 한다. 잘하고 못하고는 중요하지 않다.

아이가 스스로 만족하여 마무리하고 싶은지 아니면 좀 더 멋지게 표현하고 싶은지 물어봐야 한다. 아이는 모르거나 궁금한 것을 수업 중간에 물어보는 일이 참 많다.

"흰 고래 벨루가는 어떻게 그려요?"

제자가 이런 질문을 한 적이 있다. "벨루가를 진짜처럼 그려보고 싶니?"라고 질문을 해본다. 아이가 원하지 않는 것을 강요하며 알려주면 흥미가 떨어진다. 그래서 뭐든 잘하길 바라며 욕심을 내면 안 된다. 기분 좋게 아이가 배울 수 있도록 지도를 하고 유독 흥미를 보이는 것을 집중적으로 알려줘야 한다. 나는 수업을 이런 방식으로 오래 해왔다. 아이들은 본인이 잘 그리고 좋아하는 것을 자유롭게 표현한다. 그래서 아이들은 자신이 무엇이든지 잘해야겠다는 생각보다는 '나는 물감을 섞어서 색을 잘 만들어.', '나는 일본 애니메이션 캐릭터를 잘 그려.', '나는 공룡 박사야.', '나는 도예를 잘해.'라는 생각을 하고 있다. 이렇게 자신감 있는 아이가 다른 사람의 작품을 인정하고 칭찬해주며 자신의 장점도 내세울 줄 안다.

최근 SBS〈영재발굴단〉에 '천재 화가 아린이'의 이야기가 방송됐다. 폭발적인 상상력으로 정해진 틀 없이 그림을 그리는 아린이는 미술대회에서 좌절을 경험한다. 아린이는 그림을 사람들에게 이해 받지 못할 때가 있지만 현실에서 어떤 방향으로 나아갈지 엄마와 고민을 한다. 결국 아린이는 정해진 답이 없다는 표현의 자유의 속성을 잘 이해했다. 마음속의 무거운 짐을 내려놓고 예술을 즐기게 되었다.

　수업은 아이가 재미있게 느끼도록 짜여져야 한다. 모든 학습은 아이가 흥미를 느껴 좋아하는 것을 계속 탐구하고 스스로 노력하게 만들어야 한다. 애써 쌓은 공든 탑을 무너트리지 않기 위해서는 지나친 욕심을 내려놓자. 아이가 즐기지 못하는 학습으로 시간을 낭비하지 말아야 한다. 그 시간에 친구들과 놀이터에서 뛰어노는 것이 더 긍정적인 영향을 준다. 하지만 학교에서 배우는 것에 흥미가 없다고 하여 학교를 보내지 말아야 한다는 말은 아니다. 부모는 끊임없이 아이에게 배움과 학습의 중요성을 설명해주고 아이의 입장에서 양육해야 한다.

아이와 엄마와 함께 자기 장점 10가지를 말해보세요.

그렇게 생각한 이유도 함께 말해보세요.

03 부모의 언어 습관을 먼저 바꿔라

아이는 부모의 거울

부모는 아이를 자신의 분신과 같다고 생각하는 경향이 강하다. 아이를 제대로 잘 키우겠다는 마음가짐과 해줄 수 있는 것은 모두 해줘야 한다고 생각한다. 그래서 부모는 사랑이라는 명목으로 아이의 인격을 존중하지 않고 쓴소리를 자주 하는지 생각해봐야 한다. 엄마는 내 아이가 나와 분리된 한 인격이란 것을 잊고 '내 배 아파서 낳은 내 새끼'라는 생각에 빠진다. 그래서 아이와 자신을 동일시하는 경향이 강하다.

엄마의 입장에서는 내 아이가 어떠해야 한다는 기준이 있다. 지금 당장 머릿속에 생각해보라 하면 어떠한 기준이 떠오를 것이다. 아이의 신체적, 정서적, 인지적 발달 등의 기준은 엄마에 의해서 결정된다. 그런데 아이가 그 기준에 미치지 못하거나 기준에 도달하기 어렵다는 것을 알게 된다면 어떻게 할 것인가? 그리고 엄마가 정한 그 기준은 과연 올바른 기준인가?

기준을 다른 관점으로 바라보면 어떨까? 내 아이의 입장에서 바라보는 것이다. 다른 아이들과 비교를 하며 바라보지 말고 내 아이 한 명을 기준으로 생각해보자. 그렇다면 문제될 것이 없다. 세상에 나와 있는 양육과 교육에 관련된 정보와 자료를 참고하면서 그것을 기준으로 삼는 것이 아니라 내 아이의 성장 속도를 기준으로 해야 하는 것이다. 엄마는 아이를 마음속에서 분리할 준비가 되어 있어야 한다. 이 마음의 준비가 안 되어 있다면 무엇을 하든지 아이의 입장이 될 수 없고 엄마의 입장이 되고 만다. 주위 사람들이 좋아하는 엄마가 되고 싶은가? 내 아이가 인정하는 좋은 엄마가 되고 싶은가? 이것을 생각해보면 이해가 될 것이다.

전화벨이 울렸다. 어머니의 상담 전화였다. 이 어머니는 무척 빠른 속도로 많은 말씀을 하신다. 처음에는 어머니의 말을 되묻곤 했지만 이제는 익숙하기 때문에 어떤 말씀을 하시는지 잘 알아듣는다. 그런데 아이도 말이 빠르고 한꺼번에 많은 이야기를 한다. 유쾌하며 말이 많아 늘 친구들과 함께 대화하길 좋아하는 아이는 어머니의 말투뿐만 아니고 활발하고 밝은 성격도 닮았다.

아이의 말투나 행동은 부모를 닮을 가능성이 높다. 사투리를 쓰고 차분하게 말하는 화연이가 있다. 아버님께서 병원 예약 때문에 아이를 데리러 오셨는데 몇 마디 대화를 나눈 후에 누구의 아버지인지 눈을 감고도 맞출 수 있었다. 유전자의 힘도 있겠지만 아이는 자라면서 부모와 함께 생활하기 때문에 언어 습관을 그대로 배운다.

부모의 언어 습관은 중요하다. 아이가 듣고 따라 하기 때문이다. 아이는 부모의 나쁜 언어를 '안 좋은 것이니 나는 쓰지 말아야지.'라고 생각하지 못한다. 전부 정답인 것처럼 자연스럽게 흡수한다. 간혹 부부싸움을 하고 홧김에 내뱉은 말을 아이가 들어 꼼짝하지 않고 그 자리에 굳어 있는 경우가 있을 것이다. 나중에 아이를 달래주며 미안함을 표현하지만 이런 언어 습관이 계속 반복된다면 아이는 그것을 따라 하게 된다. 아이에게 부정적인 영향을 주는 것이다. 부부의 언어는 습관처럼 긍정적인 언어를 사용해야 한다는 것을 잊지 말아야 한다.

아이의 언어 습관은 부모를 드러낸다. '아이는 부모의 거울'이란 말이 있다. 나는 제자들과의 수업을 통해 이 말을 공감한다. 하루는 도영이 어머니께서 날이 더운데 고생한다며 시원한 음료수를 대접해주셨다. 아이들에게는 아이스크림 선물까지 선사해주셨다. 잠시 쉬는 시간을 가지고 어머니와 상담을 나누었다. 어머니께서는 도영이가 집에 와서 그날 배운 미술을 동생에게 알려준다고 하셨다. 동생과 역할 놀이를 하면서 놀아주기도 하고 그림도 가르쳐준다는 것이다. 나는 도영이가 너무 기특했고 나 자신에게 보람을 느꼈다. 어머니는 또한 아이가 동생에게 그림을 알려줄 때 내 말투나 행동 등을 흉내 내며 연기도 한다고 하셨다. 아이는 선생 역할이 되어서 내 말투와 수업방식을 따라 했으리라 생각된다. 아이들의 행동이 그렇다는 것은 알고 있었지만, 어머니께 직접 이야길 들으니 부끄럽기도 하면서 내심 나의 언어습관을 다시 한번 돌아보았다.

부모의 언어습관이 중요한 이유는 아이가 복사기처럼 부모의 언어를 따라 하기 때문이다. 평소에 언어를 가장 많이 훈련하는 곳은 바로 가정이다. 누구나 다 아는 이야기를 한다고 생각하는가? 안다면 지금부터 바로 실천하길 바란다. 실천을 안 하는 것은 모르는 것보다 더 나쁘기 때문이다.

아이를 존중하는 언어를 사용하자

언어습관을 어떻게 어디서부터 바꿔야 할까? 바로 지금부터 존중하는 말투로 바꾸면 된다. '아이에게 존중하는 말투는 뭐야?'라고 생각한다면 빵점을 주겠다. 최하점을 주고 싶지 않지만 이런 생각을 하고 있다면 아이를 존중하겠다는 마음의 준비가 되지 않은 것이다. 우리가 학교에서 사용할 준비물을 미리 챙기지 않았다는 의미이다. 준비물 없이는 학업 성취도 또한 좋지 않다는 것을 잘 알고 있으리라 생각된다.

아이가 집에 도착했다면 간단하고 짧은 질문을 활용해보면 좋다. 예를 들면 "오늘 어땠어?"라고 물으면 아이는 "재밌었어."라고 대답을 할 것이다. 아이가 대답했으면 엄마는 점차 자세한 질문으로 대화를 이어가야 한다. "뭐가 재밌었어?" 그리고 알다시피 육하원칙에 관련된 질문을 해준다. 아이는 엄마와의 대화가 좋으면 계속 대답으로 대화를 이어간다. 내 경험으로 아이는 질문한 것에만 대답하지 않고 대화를 하다 보면 삼천포로 빠지는 경우가 있다. 아이가 말하다가 다른 어떤 것이 생각이 나서 신나게 말하는 경우에는 경청이 우선이다. 말을 제대로 안 한다고 무안을 주거나 욱하면 안 된다. 아이는 그렇게 엄마와의 대화를 즐기고, 있었던 일을 이야기하며 언어구사력도 서서히 좋아진다.

유아기, 초등 저학년 아이는 생각과 경험을 다소 뒤죽박죽 이야기한다. "얘가 지금 무슨 말을 하는 거니? 하나도 못 알아듣겠어."라고 핀잔을 주면 안 된다. 이럴 때는 엄마가 아이의 생각을 어느 정도 정리해서 되묻는 방법을 생각해야 한다. 예를 들어 "친구랑 체험학습에 가서 그러니깐 뛰어놀고, 음료수도 먹고, 거기에 있는 자동차도 보고, 그런데 갑자기 벌이 날아와서 막 도망갔어."라고 아이가 이야기한다. 이때 엄마가 "친구랑 짝이 돼서 체험학습에 갔는데 전시된 자동차를 봤구나. 그리고 점심시간에 음료수랑 도시락을 먹었고. 그런 다음에 신나게 뛰어놀았는데 벌이 날아온 거야?” 라고 정리해주면 아이는 행동한 시간에 맞게 설명하는 방법을 자연스럽게 익힌다.

내가 수업시간에 아이들에게 설명을 할 때 자주 사용하는 방법이다. 시간의 흐름에 따라 설명을 하는 방법은 무난하면서 효과적이다. 그림을 그리는 과정이든지 학습을 하는 과정은 시간의 흐름에 따라 단계가 있기 때문이다. 우선 주제에 대한 대화를 나눈다. 다음엔 연필로 그림을 그리고 채색하고 말린 후 감상하면서 생각이나 느낌을 말하는 시간을 갖는다. 아이와 나누는 주제가 무엇인가에 따라 엄마가 충분히 유연하게 이야기해줄 수 있다.

내가 어렸을 때 내 부모가 말하던 언어습관을 생각해보자. 호랑이 같은 성격의 아빠는 할 말만 하고 명령조로 나에게 지시만 하셨고 이를 측은히 여긴 엄마는 나에게 상냥하게 대해주셨을 수도 있다. 혹은 반대일 수도 있다. 아이는 약해 보이는 사람에게 거만하게 대할 가능성이 있고 강하고 힘이 있는 사람에게는 말 한 마디도 못 하거나 억지로 참으면서 지낼 수 있다. 성장해가는 과정에서 이런 경험을 하게 된다면 아이의 올바른 성장이 어렵다.

학습적인 효과도 기대하기 힘들다. 아이는 완벽하지 않지만 자기 생각을 언어로 표현하면서 살아야 한다. 그러나 이런 연습이 가정에서 이루어지지 않았다면 두렵거나 어려움을 느껴 피하게 될 것이다. 제대로 된 언어습관에 관심을 가지고 다루며 지금 당장 개선하기 위해 노력해야 한다. 아이의 미래를 결정짓는 중요한 습관이기 때문이다.

내 아이가 조부모님 댁에서 귀한 물건을 깨트렸다면, 나는 아이에게 무엇이라 이야기할까?

미국의 심리학자 버넷은 부모의 언어습관이 아이에게 그대로 이어진다는 사실과 함께 아이의 자존감에도 상당한 영향을 미친다는 사실을 강조했다.

특히 아이가 어려운 순간을 맞았을 때 부모의 긍정적 표현을 듣고 자란 아이는 '나는 할 수 있어, 이 어려움을 헤쳐 나갈 힘이 있어.'라고 생각한다.

반면에 부모의 부정적 표현을 듣고 자란 아이는 '난 안 돼. 내가 하는 일이 늘 그렇지 뭐.' 라는 식으로 자포자기한다.

04 '어린애가 뭘 알겠어!'라고 생각하지 마라

아이는 감정이 있고 존중받아야 할 인격체

대화의 한계가 있다고 생각하는가? 꼬리에 꼬리를 무는 대화는 한계가 없다. 그것을 지속하지 못한다는 생각이 바로 한계이다. 쉬운 주제를 정하고 아이의 눈높이에 맞추면 된다. 학교 가기 전에 아이가 알고 있어야 하는 것 중 하나는 가족과 친구의 소중함이다. 초등학교에서는 학기 초에 이런 주제를 가지고 학습을 진행하는 것을 자주 볼 수 있다.

'가족'을 행복한 어항에 사는 물고기로 표현하는 수업이 있다. 아이들은 전혀 어렵지 않게 서로 대화를 나눈다. 생각이 정리되면 그림으로 표현한다. 세린이의 엄마 물고기는 맛있는 요리를 하고 있다. 지느러미 근

처에 주방 도구를 들고 있다. 넥타이를 맨 아빠 물고기는 잠수함 자가용을 타고 출근을 한다. 동생 물고기는 장난감을 가지고 놀고 있으며 자신을 표현한 물고기는 아주 커다랗고 반짝거리는 눈을 가지고 있다. 세린이의 가족 물고기가 완성되었다.

나는 아이에게 질문을 던진다. "아빠 물고기는 무엇을 하고 계시는 거야?" 세린이는 아빠는 아침 일찍 회사에 가신다고 말한다. 잠수함 자가용은 나의 질문으로 그려진 것이다. "아빠는 무엇을 타고 회사를 가시지?"라는 질문으로 빈 곳에 더 그려넣을 것들을 추천해주었다. 그리고 나는 "아빠는 왜 아침마다 출근하실까?"라고 묻는다. 아이는 이렇게 대답한다. "아빠는 회사에서 연구해야 해서요." 그리고 아빠는 가족을 위해 돈을 번다는 말도 전했다. 세린이는 아빠에게 감사한 마음을 가지고 있었다. "세린이가 아빠께 감사한 마음을 가지고 있구나! 그러면 집에 가서 아빠한테 뭐라고 말하고 싶어?" 아이의 대답은 '아빠 고마워요.'였다. 아이와 이렇게 계속 대화를 하는 것은 어렵지 않다. 세린이가 집에 가서 퇴근한 아빠를 본 순간 아빠에 대한 사랑과 감사의 마음을 전하리라 예상된다. 아이의 마음속에는 이렇듯 원래부터 아빠에 대한 감사와 사랑이 자리 잡고 있었다.

아이는 이미 부모와 경험하고 함께하는 시간을 감정으로 느끼고 있다.

아이는 정확한 말로 표현하지 못하지만 '엄마는 잔소리쟁이지만 좋아.', '아빠는 혼낼 때만 무섭고 다정해.' 등의 생각을 마음속에 품고 있다. 이런 비슷한 말들을 제자들에게 들었기 때문에 부모에 대해 좋고 나쁜 감정이 있다는 것을 알고 있다.

감정은 아기가 태어난 이후부터 생긴다는 사실은 이미 연구결과를 통해 알려져 있다. 원래는 엄마 배 속에 있을 때부터가 더 정확한 설명이다. 그리고 15~18개월 정도면 감정이 급속도로 분화되며 자아감을 느끼게 된다. 감정이 있다는 것은 살아있는 생명이며 존중받아야 할 인격이 있는 존재라는 뜻이다.

아이가 어리다고 생각해 감정을 그냥 넘겨버리면 쌓인 감정은 어떻게 될까?

'애가 뭘 알겠어? 하나서부터 열까지 내가 없으면 안 되는구나.'라고 생각하기 쉽다. 아이는 당연히 엄마의 보살핌이 필요하지만, 아이가 원하는 것을 표현했을 때 무시당하는 경우가 있다. "이건 내가 할 거야."라는 말을 자주 하지만 저지당하고 만다. 엄마는 아이가 제대로 못 할 것으로 생각해서 불안하기 때문이다. '내가'를 외치는 아이는 저지당하는 과정에서 무력감을 느낄 수 있다. 조용한 아이는 혼자 할 수 있는 부분도 겉으로 표현이 서툴러 엄마의 방법에 따르게 된다. 이런 일이 반복되면 습관적으로 엄마에게 의존하게 되고 주체적인 사고와 행동이 부족해진다.

야외에서 신나게 뛰어다니며 놀고 싶은데 예쁜 드레스를 입었다. 게다가 엄마는 넘어져 다칠까 뛰지 못하게 한다. 맛있는 음식을 먹을 때도 아이 스스로 먹을 수 있는데 혹여나 흘릴까봐 먹여준다. 외출 전 아이는 양말을 혼자 신으려고 하지만 지체되는 것이 못마땅한 엄마는 손수 양말과 신발까지 다 신겨준다. 아이는 엄마의 손길이 이끄는 대로 따르고 시키는 것에 익숙해진다. 아이 마음대로 이렇게도 저렇게도 해보고 싶지만 스스로 하는 방법을 못 배운 것이다.

스스로 해결하고 책임질 수 있게 하라

미술학원에서 물감을 자주 사용한다. 물감을 미리 짜놓아 아이들이 원할 때 사용하면 무척 편하긴 하다. 하지만 나는 스스로 할 수 있는 아이들에겐 알아서 하도록 맡긴다. 미리 준비해야 하는 재료들은 챙겨놓지만, 물감을 짜는 즐거움을 아는 제자들은 미술학원에서 '쇼핑 놀이'를 즐긴다. "선생님 노란색 쇼핑해올게요."라고 나에게 말하고 물감이 놓여있는 사물함으로 가서 원하는 색을 가져온다. 색종이나 그 밖의 다른 재료들이 필요할 때면 아이들에게 "저쪽에 가서 쇼핑해오세요. 색종이는 맨 위에 칸에 있고 주위에 원하는 재료를 더 쇼핑해와도 좋아."라고 놀이처럼 알려준다. 아이는 생각에 잠기다가 몇 개의 재료를 가지고 와서 작품에 이용한다. 어린아이들도 모두 가능하다. 눈으로 보고 손으로 만져보면 쇼핑하고 싶은 재료는 누구나 생기기 마련이다.

그 외에도 설거지 놀이로 개수대에서 물감 접시를 씻어올 것을 부탁한다. 앞치마를 입을 때도 일일이 입혀주고 챙겨주기보다는 "물감을 사용하기 전에 꼭 해야 하는 것은 무엇일까요?" 같은 퀴즈를 낸다. 그러면 아이는 재미난 놀이를 하는 것으로 생각해서 스스로 행동한다. 그리고 친구들을 서로 챙겨주며 협동, 배려에 대해 배우기도 한다.

아이들을 믿고 대하면 나이를 떠나서 행동의 놀라운 변화를 겪는다. 제자들의 사소한 습관인 징징거림이나 떼쓰는 부분이 많이 줄어든다. 아이가 책임감을 느끼고 하나부터 열까지 하는 습관은 중요하다. 하지만 힘들 때 언제든지 도움을 요청하면 선생님이 달려간다고 말해준다.

아이가 어렸을 때부터 자기 자신에 대한 생각이나 행동을 무시당하면서 자라면 시키는 대로 따라 하는 독립심이 없는 사람으로 성장한다. 또는 자신의 의견이 무시된 것을 적개심과 반항심으로 표출하는 시기가 분명히 온다.

혹시 일상에서 아이에게 이런 말들을 얼마나 사용하는지 생각해보자.

"조그만 게 뭘 안다고. 넌 몰라도 돼."

"다음에 해줄게."

"엄마가 없었으면 어쩌려고 그러니?"

'어리다고 놀리지 말아요.'라는 말이 있다. 어른들은 아이를 어리다고 생각해서 어른의 생각대로 아이들을 가늠한다. 어른도 분명 잘 모르던 어린 시절이 있었음에도 종종 잊는다. 그리고 아이들의 관심사나 생각은 대수롭지 않은 것이라고 오해한다. 왜냐하면, 지금의 어른들이 어린 시절에 그렇게 자라왔기 때문이다.

가부장적인 사회적 분위기로 인해 많은 의견과 감정들을 무시당했다. 그런 기억을 한 가지만 떠올려보라 하면 분명 1분도 채 안 돼서 떠오를 것이다. 나 자신이 어렸을 때 무시당했던 기억을 떠올리며 '내 아이에게는 그렇게 하지 말아야지.'라고 생각만 하면 안 된다. 이미 많은 어른이 알고 있지만 실천하지 않고 있다. 실천은 몸을 움직여 무엇을 꼭 해야 하는 의미로만 받아들여서는 안 된다. 아이를 바라보는 관점과 의식을 바꿔야 한다.

각자 개성이 다른 아이들은 다양한 생각을 하므로 존중해줘야 한다.

'어린아이가 뭘 알겠어.'라는 고정관념을 지우고 아이를 인격이 있는 존재로 인정해줘야 한다. 그래야 아이가 성장하면서 다양한 선택과 경험을 하고 성공과 실패를 알게 된다. 스스로 문제를 해결하고 책임질 힘이 생기는 것이다.

4장_엄마 감정 다스리는 8가지 하브루타

'좋은 부모 밑에서 좋은 자녀가 나온다.'는 의미를 생각해보고 어떻게 느끼는지 적어보세요.

05 재촉하지 말고 아이 속도에 맞춰라

인내심을 가지고 아이의 잠재력을 끌어내기

『김연아의 7분 드라마』라는 책을 읽었다. 오래전에 읽은 책인데 첫 페이지가 '빙판에서의 첫 걸음마.'라는 제목으로 시작한다. 김 선수가 만 나이로 다섯 살 때 부모님과 언니와 함께 실내 스케이트장을 찾아갔다고 적혀 있다. 처음에는 언니가 김연아 선수보다 중심도 더 잘 잡고 잘 탔다고 한다. 김연아 선수는 아빠와 걸음마부터 배우기 시작했다. 하나하나 찬찬히 가르쳐주신 아빠로 인해 자신감이 생겼고 즐거움을 발견했다고 한다.

수도 없이 엉덩방아를 찧어 눈물까지 찔끔 흘렸지만, 아빠의 응원, 격려 그리고 칭찬으로 김연아 선수는 첫 스케이트 타는 것을 즐길 수 있었다. 김 선수는 두렵고 떨리는 마음이 사라지자 스케이트장이 새로운 세상이 되었다고 표현했다. 김연아 선수가 두렵고 떨리는 마음을 잘 다스릴 수 있었던 것은 아빠와의 따뜻한 경험 덕분이었다.

아이가 느리고 못 한다고 다그치거나 잔소리를 한다면 아이는 더 두려워서 다음에는 시도조차 하지 못한다. 김연아 선수의 이야기에서 느낀점은 아빠의 제대로 된 가르침이 김연아 선수의 잠재력을 깨워줬다는 것이다. 김연아 선수는 만 5세에 처음으로 스케이트를 탔는데 그때 지금과 같은 세계 챔피언 수준이 바로 나온 것이 아니었다. 김연아 선수의 아버지는 어렸을 때부터 스피드 스케이트를 즐겨 타셨다고 한다. 그래서 5세 아이 입장에서 기다려주며 인내심을 가지고 첫 스케이트를 알려주셨으리라 생각된다. 이런 경험이 김연아 선수에게는 재미있고 흥미로운 놀이로 생각되었다. 처음에는 '놀이 삼아서'였다고 책에도 쓰여 있다.

개인적으로는 김연아 선수가 피겨스케이팅이 아닌 다른 운동을 했어도 세계적인 선수가 되었을 거라 생각한다. 왜냐하면, 그녀에겐 인내심을 가지고 잠재력을 끌어내준 부모가 있기 때문이다. 그래서 새로운 놀이라고 생각하고 두려움 없이 스케이트 타기에 도전한 것이다. 중간에 힘들고 인내하는 과정은 분명 노력, 재능 그리고 열정으로 이루어졌지만, 부모의 역할이 중요하다는 것을 말하고 싶다.

재촉은 아이의 감정에 상처를 준다

사람은 언제 스트레스를 받나? 나는 내가 노력하는 일이 잘 안 풀릴 때, 옆에서 누가 그것에 대해 부정적으로 이야기하거나, 결과를 재촉할 때 많은 스트레스를 받는다. 어른인 나도 일이 잘 안 풀리고 자신감을 상실했을 때 가족이나 주위 사람들이 '힘내'라고 한 마디만 해주어도 사실 99% 힘이 난다. 1%는 내 몫이라고 해두자. 회복력도 빨라진다. 믿는 사람의 응원과 기다림은 정말 놀라운 힘과 효과를 발휘한다. 하물며 아이가 자신감을 잃었을 때 응원해주는 일이 어려운 것일까? 일상처럼 반복되는 생활 속에서 무조건 아이가 맞춰주기를 바라고 있는지 생각해봐야 한다.

아이가 유치원, 학교에 등교하는 오전 시간은 언제나 전쟁이다. 준비해야 할 것들이 많기 때문이다. 아이를 챙기고 출근 준비까지 해야 하는 경우라면 책임감이 앞서 이런 말을 자주 하곤 한다. "아직도 그러고 있어? 빨리 좀 해." 아이는 열심히 준비하고 있는데 더 빨리하라는 엄마의 한 마디. 아이는 '나 빨리하고 있는데요?'라는 말을 못 해서가 아니라 안 하는 것이다. 왜냐하면 그렇게 말하면 혼나는 것을 알기 때문이다. 만약에 아이가 워낙 느린 성향이라면 엄마는 속이 터진다. 아침밥을 수업 시작할 때까지 먹을 생각이냐며 잔소리하기 쉽다. 다 씹지 못한 음식을 입에 물고 등교하는 아이들도 많이 보았다.

아이는 아침부터 기분이 좋지 않다. 학교에서 친구를 만나도 반갑지 않은 모습을 보이면 친구는 오해할 수 있다. 아이의 첫 등굣길에 이런 일이 발생한다면 학교생활이 즐거울 것으로 생각하기 힘들다. 이렇듯 아이의 속도에 맞추지 않고 재촉하면 그 이후에 벌어지는 아이의 생활에 영향을 미칠 수 있다. 그리고 아이가 엄마의 재촉에 잘 따르더라도 참고 참던 감정이 어느 날 폭발할지도 모른다.

수업은 70분에서 90분이라는 시간이 주어진다. 아이들에게 주어진 시간이 같아도 그림을 그리는 속도, 이해하는 정도, 느낀 점 등이 모두 다르다. 양은 적지만 깊이 있게 이해하는 아이, 깊게 이해하기보다는 다양한 것들을 알아가는 아이가 있다. 성향과 발달의 정도가 다른 아이를 재촉한다고 아이가 따라올까? 내 대답은 "아니오."다.

과거에 주제나 주인공을 크게 그리고 집중적으로 채색하는 방법에 대해 수업을 했던 적이 있다. 단지 주제를 표현하는 방법의 하나일 뿐인데 내 방식으로만 강요하고 재촉했다. 그림의 크기가 작은 것 같아 반복해서 수정하도록 권했는데 아이는 너무 크다고 느꼈다. 이렇듯 생각의 차이는 사람마다 다르다. 현재는 아이의 의견을 묻고 생각을 주고받으며 주제를 표현한다. '유대인 두 사람이 모이면 세 가지 의견이 나오고 세 사람이 모이면 다섯 가지, 아니 일곱 가지 의견이 나온다.'는 이야기가 있다. 무조건 선생이나 어른이 시키는 대로 따라 할 필요는 없다. 때론 반론하며 아이도 자신의 의견을 말해야 스스로 생각하는 사람으로 성장한다. 서로 소통하며 수업을 하면 반드시 궁금한 사항을 질문한다. 이런 과정을 통해서 크기가 왜 커져야 할지 혹은 작아져야 할지 진짜로 느끼고 알게 된다.

엄마는 아이에게 왜 재촉을 할까? 첫째, 엄마의 성격이 급하기 때문이다. 그래서 엄마는 정신이 없거나 집중력이 높지 않다. 내가 너무 많은 역할을 담당하여 산만한 상태라면 아이에게 빨리하라고 다그치기 쉽다.

둘째, 엄마는 어린 시절 참고 기다리는 방법을 못 배웠을 수 있다. 잘못된 양육이 바로 대물림되는 위험이 있다. 아이의 속도에 맞춰주는 방법을 모르기 때문에 아이가 엄마의 심기를 불편하게 하면 본인이 보고 자란 대로 행동할 가능성이 크다. 그래서 엄마 마음에 들지 않거나 일이 지체된다면 버럭 화를 낼 가능성이 높다.

마지막으로, 기질적으로 예민함을 가지고 있기 때문이다. 이런 엄마는 아이가 눈에 들어오지 않는다. 우선 마음에 들지 않는 행동들을 보면 본인이 느끼는 고통과 같은 느낌이 배가 되어서 돌아오기 때문이다.

아이가 자기 생각과 감정을 무시당하고 재촉당하면 극과 극의 부정적 감정을 가지게 된다. 무척 공격적이고 참을성이 없는 아이로 성장하거나 자신감, 자존감이 낮은 사람이 된다. 전자의 경우, 청소년기를 거쳐 성인이 되었을 때 사회성을 잃고 버럭 하는 사람으로 성장할 수 있다. 후자는 아이가 스스로 판단하는 것을 불가능하게 만들 수도 있다. 자신감이 없어 매사에 소극적이고 새로운 자극에 적응하기 힘들어한다.

　재촉하는 엄마는 아이를 마음대로 좌지우지하려는 마음을 내려놓아야 한다. 아이는 엄마에게 신뢰감을 형성하고 인정받고 싶어 한다. 하지만 아이의 마음을 몰라주고 다그친다면 스스로 주체적인 사고를 하기 어렵다. 아이가 경험을 통해 부정적이고 긍정적인 방법을 겪어보아야 하는데 엄마의 다그침에 중요한 경험의 기회와 생각하는 기회를 놓치는 것이다. 이런 아이가 성장해서 어른이 된다면 주체적으로 생각하고 행동하기 어렵다는 것을 기억하자.

매일매일 하브루타 : 돌발 퀴즈 12

　등교, 등원 시간에 꾸물거리는 아이를 재촉한 경험이 있나요? 아이에게 긍정적인 효과를 기대하기 위해서는 어떻게 말해야 할까요?

06 아이와 입장을 바꾸어서 생각해보라

'딴짓' 속에 숨어있는 아이의 진짜 생각

'악동뮤지션'이란 남매 듀오를 알 것이다. 〈악동뮤지션의 부모가 말하는 행복한 아이로 성장할 수 있는 비결〉이란 프로그램을 시청했다. 선교사 부모와 악동뮤지션이 몽골에서 홈스쿨링을 하면서 행복한 아이로 성장한 이야기를 들려준다.

교육에서 '딴짓'만 하던 아이들을 보고 부모는 이대로는 안 되겠다고 생각을 한다. 아이들에게 하고 싶은 것을 하라고 기회를 주었다. 남매가 음악을 시작한 계기는 여기서 시작되었다. 이들의 부모는 아이들이 배우고 싶은 것을 자유롭게 선택하게 했다는 것이다. 6개월이 지날 때 즈음

첫째인 이찬혁이 노래를 만들어 온 일이 있었다. '한두 번 하다 말겠지.' 라고 생각했는데 계속해서 노래를 만들어 왔다. 부모님은 계속 칭찬을 해주고 아이의 가능성에 대해 열린 마음을 가지고 있었다. 부모는 이것을 유튜브에 올리고 음악을 하는 사람들에게 공유했다. 결국에는 악동뮤지션이라는 가수가 탄생했다.

아이의 입장에서 생각하면 이런 놀라운 결과가 나오기도 한다. 악동뮤지션은 대한민국에서 자신들의 개성 있는 색깔과 소신을 갖춘 듀엣 가수로 통한다. 일반적인 교육의 틀에서 벗어난 대표적인 사례이다. 부모의 입장에서 '딴짓'은 그저 집중을 못 하고 쓸데없는 행동을 하는 것으로 생각하기 쉬운데 이들의 부모는 달랐다. 아이의 입장에서 따분하고 재미없는 공부에 대한 감정을 헤아려준 것이다. 획일화된 교육을 시행하는 사회 분위기도 있지만 이러한 틀에서 벗어나 아이의 입장에서 생각해주는 사람은 바로 부모밖에 없다.

아이의 입장이 되어 보기

제자 중의 한 명은 그리기든지 만들기든지 모든 미술 활동에 열정이 넘치고 수업을 좋아한다. 온종일 미술을 해도 지치지 않을 것 같은 에너지를 가지고 있다. 남자아이들은 대부분 수업시간에 이런 활기찬 모습을 보여준다. 조금은 시끄럽고 움직임이 많다 보니 비슷한 성향의 아이들끼리 함께 수업시간을 맞춘다.

획일화된 교육을 시행하는 사회 분위기도 있지만

이러한 틀에서 벗어나 아이의 입장에서 생각해주는 사람은

바로 부모밖에 없다.

하루는 '옵아트'라는 장르에 관해 설명을 하는 시간이었다. 아이는 워낙에 자신감이 넘치고 자기 생각이 맞든지 틀리든지 신경 쓰지 않고 말하는 성격이다. 아이는 내 설명에 집중하지 못했다. 아이에게 옵아트라는 개념과 내용은 중요하지 않다고 느낄 수 있다. 그 의미를 줄줄 외워보았자 무슨 소용이 있을까? 직접 그려보고 자기 생각을 끌어내 작품으로 완성해보는 과정이 중요하다. 선생님의 이론적인 설명을 아이들은 지루하기 짝이 없게 느낀다. 그래서 초등 2학년 아이에게 질문을 던져보았다.

"이 그림을 보면 무슨 생각이 드니?"
"움직이는 것 같아요. 이게 뭐예요?"

먼저 설명할 필요가 없다는 것을 수업을 통해 잘 알고 있다. 아이에게 질문하면 아이의 생각도 들을 수 있고 내가 전달하려는 내용을 스스로 찾아내기도 한다. '옵티컬 아트'란 눈에 착각을 일으켜 그림이 움직이거나 입체처럼 튀어나와 보이는 효과를 말한다. 미술기법 중의 하나이며 아이들이 꼭 배워야 하는 수업인데 내가 설명하지 않아도 제자는 그 특성을 스스로 알아차린 것이다.

"오늘 옵아트 기법을 배우려는 이유를 너무 잘 발견해주었네. 눈을 착각하게 만들어서 움직이는 그림처럼 보이는 방법이야."

그림의 특성을 잘 파악했다고 아이를 칭찬하면서 수업을 시작한다. 그러면 아이는 내 질문에 대답을 잘했다고 느껴 무척 자신감이 높아진다. 아이의 자신감을 쑥쑥 키우려면 이렇게 아이의 생각을 자유롭게 표현할 수 있는 질문으로 시작해야 한다. 어려운 내용을 먼저 설명해주면, 아이 머릿속에 내용을 저장하는 것이 아니라 선생님의 설명을 그저 견디거나 참는 시간으로 느낀다. 진정한 배움으로 연결되는 것이 결코 아니다. 새로 접하는 기법에 흥미를 느껴 아이가 '그려보고 싶다.'라고 생각해야 한다. 스스로 선택해서 수업에 임하면 머릿속에 잘 담을 수 있기 때문이다. 질문과 대화로 운을 띄우고 아이가 하는 말을 경청하여 선생이 전달하고자 하는 내용, 즉 학습과 작품완성이라는 두 마리의 토끼를 잡을 수 있었다.

이런 수업이 가능한 이유는 아이와 입장을 바꿔 생각했기 때문이다. 아이는 흥미 없는 수업에 집중하지 않는다. 나 역시 어린 시절 억지로 참고 듣는 수업을 통해 학습이라는 시간이 즐겁지 않았다. 흥미를 유발하는 수업은 좋아하지 않은 과목이더라도 시선을 끈다. 시선을 끈다는 것은 보고 듣고 느끼게 되는 것인데 어느 순간 집중하고 몰입하게 된다.

나의 학창 시절에 수학 선생님은 들어오자마자 수학 문제를 필기하고 문제 풀이를 하고 수업이 끝났다. 몰려오는 하품과 졸음을 참기 힘들었다. 문제를 풀기 위한 공식을 외우지 않으면 전혀 풀 수 없기 때문에 나의 흥미는 점점 사라지게 됐다. 하지만 문학 시간은 달랐다. 나는 글을 읽는 것은 좋아했지만 작가의 의도나 문장이 내포하는 뜻을 분석하는 것은 어렵게 느껴졌다. 읽는 사람이 다양하므로 답도 다양하게 나오는 법일 텐데 하나의 정답만을 표시해야 한다는 것은 무척 어려운 일이었기 때문이다.

문학 선생님은 자신의 이야기를 예시로 많이 들려주셨다. 선생님의 경험담을 수업내용에 연결했기 때문에 귀에 쏙쏙 들어왔다. 지루한 수업이 아니라 종이 울리면 다음 내용이 궁금해서 수업이 기다려지는 아쉬움이 남는 수업이었다. 그리고 선생님은 학생들을 위해 쉬운 단어를 설명하듯 풀어서 말하셨다. 선생님은 말을 좀 길게 그리고 많이 하셨다. 그래서 문학에 관심이 없는 학생이라도 이해하기 쉬웠다.

관점을 바꾸어 아이의 시점으로 생각하기

데일 카네기는 다음과 같이 말했다.

"다른 사람을 움직일 수 있는 유일한 방법은 그들이 원하는 것에 관해 이야기하고, 그것을 어떻게 하면 얻을 수 있는지 보여주는 것이다."

만약에 아이에게 멋진 그림을 그리게 하고 싶다면, 설교를 하거나 자신의 의견에 관해 이야기해서는 안 된다. 아이가 어떤 그림을 멋있는 그림이라고 생각하는지 파악하는 것이 우선이다. 그래서 그것을 그리도록 동기를 유발해야 그리고 싶은 욕구, 욕망이 생겨나는 것이다.

예전에 한 어머니께서 질문하셨다.

"왜 우리 애는 사람을 자꾸 로봇처럼 그릴까요?"

엄마는 아이가 그린 그림이 근사하길 원한다. 바로 엄마 마음에 들게끔 말이다. 그 마음을 이해하지만, 어머니는 중요한 한 가지를 놓치고 있었다. 이런 질문을 받을 때마다 나는 이렇게 설명한다.

"아이에게 물어보셨나요? 사람을 로봇처럼 그리는 이유는 아이가 영화 〈어벤져스〉의 히어로들을 너무나 좋아해서 그래요. 아이 생각을 표현한 그림이니 오히려 더 칭찬해주어야 해요. 하지만 상상화, 경험화 등에 들어가는 인물을 아이가 구분 지어서 그릴 수 있도록 잘 설명해주고 있어요. 어머니께서도 한 부분만 보고 아이가 사람을 로봇처럼만 그린다고 나무라지 말아주세요. 충분히 진짜 사람처럼 그릴 수 있어요."

아이가 못 그리는 게 아니라 안 그리고 있다는 개념을 어머니께 조언해드렸다. 이런 상담들을 통해서 나 역시 많이 느끼고 배운다. 아이의 머릿속으로 들어가서 무슨 생각을 하는지 살펴보기 전에는 모른다. 아이의 생각을 알기 위해서는 아이의 입장에서 바라보아야 한다. 아이가 엉뚱하거나 낙서처럼 대충 그린 그림을 보았을 때 질문을 해야 한다. 아이가 어려서 자기 생각을 표현하지 못하더라도 아이의 반응과 감정을 읽어내는 세심함이 필요하다. 내 아이의 울음소리만 듣고도 배가 고픈지 기저귀를 갈아주어야 하는지 이미 겪어본 엄마 아닌가? 조금만 관점을 바꿔서 생각해야 한다. 내 시점이 아닌 아이의 시점에서 바라본다면 아이 마음에 공감하고 파악할 수 있다.

아이와 입장을 바꾸어서 생각해보면 현재 아이가 받는 스트레스를 이해할 수 있다. 『아이의 스트레스』의 저자 오은영 박사는 "'아이의 입장', '아이의 목소리', '아이의 마음'이 빠져 있기 때문에 아이는 스트레스를 받는다."고 말한다. 아이의 목소리에 귀 기울여 현재 느끼는 감정에 공감해야 스트레스를 잘 해소한다. 아이의 건강한 성장을 위해서 아이와 입장을 바꿔서 생각해보자.

아이와 있었던 경험 중에 아이의 입장에서 생각했던 일을 떠올려

보세요. 아이가 어떻게 느꼈을 것으로 생각하는지 적어보세요.

07 내 아이를 귀한 손님처럼 생각하라

보고 싶고 그립던 귀한 손님을 떠올려보자

내 아이를 때로는 귀한 손님처럼 생각해보자. '귀하게 대해야지.' 하면서도 막상 아이의 행동을 보면 속이 끓을 때가 한두 번이 아닐 것이다. 이럴 때는 기억을 더듬어 정말로 귀한 손님에게 내가 어떻게 대했는지 회상을 해보자. 나는 수업 중에 인내심을 갖게 만드는 제자를 대할 때 내 조카나 친척 또는 보고 싶은 손님이라고 생각해본다.

국제결혼을 한 이모의 가족들은 나에게 귀한 손님이다. 외국에 살기 때문에 그립고 만나면 반갑다. 그래서 이모 가족이 한국에 놀러 오면 어머니와 함께 손수 음식을 대접하며 마음을 전한다. 보고 싶고 그립던 귀한 손님을 떠올려보면 아이를 대하는 태도가 달라짐을 느낄 것이다.

우리 집은 큰집이라서 명절에 차례를 지낸다. 친척 어른들, 사촌, 조카의 방문에 반갑게 맞이한다. 제자뻘 되는 조카들을 만나면 너무 예쁘고 귀엽다. 조카들이 낯을 가려 나에게 살갑게 굴지 않아도 좋다. 너무 개구쟁이여서 장난을 치며 소란스럽게 해도 마냥 반갑고 사랑스럽다. 손님에게 잔소리하지 않는다. 얼굴을 마주하고 그동안 어떻게 지냈는지 대화하는 자체만으로도 너무 반갑기 때문이다. 반복되는 일상에서 혹시나 나도 모르게 아이에게 잔소리하고 있다면 오랜만에 만난 손님이라고 생각해보자.

내가 배 아파 낳은 아이는 나의 꿈이자 희망이다. 사회에서 꼭 필요한 훌륭한 인재로 자라길 바라는 마음은 부모라면 모두 같다. 그래서 더 애틋하고 많은 기대를 하며 키운다. 예술을 즐길 줄 아는 아이, 학자나 박사처럼 학문을 탐구하는 아이, 멋진 스포츠 선수처럼 활발한 아이로 키우고 싶은 엄마의 마음을 안다. 그런데 아이를 양육하는 과정에서 조금만 관점을 바꾸어서 생각해보면 엄마의 마음도 편해지고 아이 또한 특별한 아이로 자란다.

아이를 엄마 품속에 품어두고 싶은 마음을 내려놓자. '내 새끼, 내 소유물'이라는 생각을 멈추고 독립적인 인격체로 생각해야 한다. 남의 아이에게 이래라저래라 명령하고 지시하는 말을 할 수 있을까? 대부분 사람은 다른 집 아이에게 오히려 상냥하고 배려를 많이 해준다. 내 아이와 혹여 말다툼이나 장난감 쟁탈전이 벌어지면 내 아이에게 먼저 양보를 강요하고 잔소리를 한다. 누구의 잘못도 아닌데 말이다. 남의 아이에게 잔소리 하지 않는 이유는 무엇일까 생각해보자.

만약에 싸운 두 아이가 모두 내 아이가 아니고 내가 맡은 학생이라면 어떻게 하겠는가? 나는 학원에서 수업을 진행하면서 이런 상황을 많이 겪는다. 다툰 두 아이에게 우선 감정과 속마음을 이야기할 기회를 준다. 누구의 잘못을 먼저 따지려 하지 않는다. 서로 다투게 된 동기는 다르기 때문이다. 사실 아이들은 자기 관점에서 먼저 생각하므로 서로의 의견이 다르다는 사실을 느껴야 한다. 내가 이렇게 하는 이유는 두 제자 모두 존중하기 때문이다.

아이는 부모의 신체를 빌려 태어났지만, 엄마와 다른 생각을 하는 다른 존재이다. 아이의 생각이나 행동을 존중하려면 큰 인내심이 필요하다. 아이에게 심한 말이 나오거나 일상에서 툭툭 던지는 잔소리를 내뱉고 있다면 귀한 손님이라는 생각을 떠올리며 존중해주자. 이미 엄마들은 전문가 수준의 좋은 양육정보, 지식, 경험 등이 있다. 생각하는 관점에 주의를 기울여 변화를 시도하면 아이는 긍정적인 방향으로 성장한다. 때론 아이가 원하는 대로 먼발치에서 바라봐주는 연습이 필요하다.

스스로 선택하고 책임지는 자유인으로 키우기

2016년 연세대 '사회발전연구소'가 전국의 초등학교 4학년에서부터 고등학교 3학년에 이르는 7천9백여 명의 아동, 청소년을 대상으로 조사한 결과 한국의 어린이, 청소년의 행복지수는 80점대에 머물러 OECD 22개 회원국 중 꼴찌를 기록했다. 또한 우리나라 어린이들 5명 중 1명이 자살 충동을 경험했으며 특히 고등학생은 26.8%에 달하는 것으로 알려졌다.

이유는 다양할 것이다. 하지만 이러한 일들이 바탕이 되는 곳은 아마 가정이 아닐까 한다. 아이가 행복하지 않다고 느끼는 이유와 자살까지 생각하는 수준은 이제는 쉽게 넘어갈 문제가 아니다. TV 방송, 뉴스, 라디오, 인터넷, 신문, 잡지 등을 보면 미래의 희망인 우리 아이들이 많이 아파하고 힘들어한다는 사실을 쉽게 발견할 수 있다.

제자와의 대화가 기억난다.

"선생님 저는요 엄마한테 혼날 때는 이래도 저래도 계속 혼나요"

"그게 무슨 말이니? 너처럼 잘하는 아이가 왜 혼나?"

"엄마한테 혼날 때, 왜 묻는 말에 아무 말도 안 하느냐고 혼나고요. 제가 뭐라고 말을 하면 말대꾸한다고 혼나고요. 눈을 안 마주치면 왜 시선을 피하냐고 혼나요."

제자는 초등학교 5학년인데 수업 중에 대화를 나누다가 하소연했다. 아이를 위로해주며 나를 돌아보는 시간이 됐다. 아이들에게 100% 완벽한 선생일 수 없으니 아이들이 들려주는 이야기에 귀 기울인다. 제자가 들려주는 이야기로 인해 나를 되돌아보았다. 나는 아이보다 지식과 경험이 많기 때문에 내 생각이 옳다고 느낄 수 있다. 그래서 아이에게 내 생각을 강요하지 않으려 노력한다.

'아이들을 친자식처럼 생각한다.'는 말은 결국 '양날의 검'이다. 아이를 사랑하는 자식처럼 생각하지만, 때론 마음대로 다뤄도 되는 소유물로 생각할 수 있기 때문이다. 나는 주어진 시간에 내가 할 수 있는 역할을 해야 한다. 아이가 학원에서 나를 만나 무엇을 경험하고 배워야 아이의 인생에 도움이 될 것인가를 생각해본다.

서양 속담에 이런 말이 있다.

자녀는 다섯 살 때까지는 왕처럼,
열 살 때까지는 고용인처럼,
열 살 이후로는 손님처럼 대하라.

왕처럼 대하는 것은 자신을 사랑받는 존재라고
생각하게 하기 위함이다.

고용인처럼 대하라는 말은
바른 습관을 키우고 타인을 배려하게 하기 위함이다

손님처럼 대하라는 말은
스스로 선택하고 책임지는 자유인으로
키우기 위함이다.

내 집을 방문하는 귀한 손님에게는 특별히 바라는 것이 없다. 만나면 반갑고 웃는 얼굴로 안부를 묻고 맛있는 음식이나 간식을 먹으며 시간을 즐긴다. 못 만난 사이에 좋은 소식을 전하면 함께 기뻐하면 된다. 그리고 나쁜 소식을 전하면 진심으로 위로하면 된다. 어떠한 기대나 집착을 하지 않는다. 그리고 함부로 대하지 않고 예의를 갖추어 대한다. 귀한 손님을 대하는 것처럼 웃는 얼굴을 보여주고 특별히 무엇인가를 기대하는 마음을 멈추어보는 연습이 필요하다. 아이는 시간이 지남에 따라 엄마의 태도에 보답이라도 하듯 똑같이 존중하는 아이로 성장할 것이다.

친한 이웃의 가족과 함께 식사하는데 각 가정의 아이들이 다투고 싸움이 벌어졌다고 상상해보세요.

이때 어떻게 대처할지 생각해보세요.

08 아이는 야단맞는다고 바뀌지 않는다

내 아이에게 '동기부여가'가 되자

스티븐 코비의 『성공하는 사람들의 7가지 습관』중에 '소중한 것을 먼저 하라'는 내용이 있다. 그는 효과성과 효율성을 언급한다. 사람에 대해서는 효과성을, 일에 대해서는 효율성을 생각해야 한다고 말한다. 효과란 어떤 목적을 지닌 행위에 의하여 드러나는 보람이나 좋은 결과를 의미한다.

이 단어를 생각해봐야 하는 이유는 아이에게 '야단을 치는 방법'은 효과성을 기대하기 힘들기 때문이다. 아이를 혼내는 이유는 잘못된 행동을 바로 고쳐주고자 하는 엄마의 마음이 밑바탕에 자리 잡고 있다. 그러나 야단치는 것은 아이에게 스트레스를 주거나 자존감을 낮게 만드는 원인이 된다. 엄마의 기대치와 기준이 아이가 생각하는 것보다 높은 경우가 많기 때문이다.

왜 엄마의 기대와 기준이 높을까? 공동 사회, 경쟁 사회를 살다 보니 엄마가 사회적인 시선, 즉 남의 눈을 의식하기 때문이다. 아이가 남과 비교했을 때 더 뛰어나길 바란다. 말을 또박또박 잘하길 원하고, 그림을 실물처럼 잘 그리길 바란다. 줄넘기나 태권도 등의 운동능력도 발달하길 바란다. 친구와 잘 지내고 인기 많은 아이로 자라길 바란다. 또한 아이가 예의 바르게 행동해서 칭찬받길 원한다.

이러한 엄마의 충족요건이 채워지지 않았을 경우 엄마가 제대로 못 가르친 것 같아서 속상하고 화가 난다. 아이의 행동이나 생각을 바르게 인도하는 '효과'를 기대하기 위해서는 엄마의 지혜가 필요하다. 아이에게 왜 그렇게 해야 하는지 아이의 눈높이에서 이해를 시켜주어야 한다. 그리고 아이의 행동이나 느끼는 감정이 잘못됐다고 말하면 안 된다. 아이는 모르기 때문에 현명한 엄마가 차근차근 알려주어야 한다. 하지만 이런 결과를 얻기 위해서는 단 한 번의 노력으로 되는 것이 아니다. 스티븐 코비가 아이와 있었던 일화를 예를 들어 보겠다.

그는 아이와 역할 분담이라는 '결과'를 얻기를 원했다. 그리고 '기대와

성과'를 얻기 위한 과정은 인내심이 필요하다고 언급했다.

7살 난 아이로부터 정원을 잘 돌보겠다는 약속을 받는다. 그는 정원 돌보는 방법을 알려주기 위해서 이웃집의 잘 정돈된 정원을 먼저 보여준다. 그리고 물을 주는 방법, 쓰레기와 지저분한 물건을 치우는 법 등을 알려준다. 아이에게 책임감을 심어줘 역할을 잘 실천하도록 설명해준다. 또한 어려울 땐 아빠에게 도움을 요청해도 좋다고 말한다. 그러나 아이는 시간이 지나도 역할에 충실하지 않았다. 누렇게 시들고 지저분한 잔디밭을 보고 그는 머리끝까지 화가 났다.

그도 사람인지라 아이에게 실망감이 컸다. 그러나 화를 참고 아이의 책임감을 일깨워주고자 억지웃음을 띤 채 물었다고 한다. "얘야 별일 없니?" 아이는 "좋아요."라고 대답했다. 저녁 식사가 끝날 때까지 꾹 참고 기다린 다음 아이에게 정원에 나가서 주어진 임무가 잘 진행되는지 보여 달라고 했다. 아이는 울먹이며 너무 어렵다고 말했다. 그는 속으로 '너는 아직 일을 시작도 안 했다.'고 생각했지만 이내 아이가 그렇게 말한 이유를 눈치챘다. 아이는 자기 의지력이 문제였다. 그래서 그는 도울 수 있는 일을 도와주며 아이와 정원을 가꾸는 일을 했다. 스티븐 코비는 아이에게 책임감을 심어주기 위해 아이가 시키는 대로 도왔다고 한다. 그 이후로 아이는 정원을 푸르고 깨끗하게 잘 관리했다.

믿음과 신뢰는 상대방을 저절로 움직이게 하는 마법과 같다. 동기를 유발하면 스스로 움직인다. 부모는 내 아이에게 '동기부여가'가 되어야 한다. 부모는 아이 대신 어떤 일이든지 해줄 수 있다. 숙제를 해준다든가, 아이 장난감을 정리해주고 밥을 떠먹여줄 수도 있다. 아이보다 훨씬 잘할 수 있다. 그러나 이 방법이 도움이 필요한 적정 연령이 지난 후에도 계속 이루어져서는 안 된다. 아이가 스스로 경험과 실수를 겪어보고 자기만의 방법을 터득할 수 있게 해야 한다.

다양한 경험으로 사고가 확장되기 때문이다. 아이에게 부족한 점이 무엇인지, 잘하는 것은 무엇인지 스스로 발견할 수 있도록 이해시키는 과정이다. 버럭 화를 낸다거나 야단을 치는 행동은 결과적으로 좋은 효과를 얻지 못한다. 부모의 노력이 빛을 발휘하는 것은 한순간이 아니다. 부모는 아이가 성인이 되어 독립을 할 수 있을 때까지 항상 곁에서 제대로 된 방향을 제시해주는 '나침반'과 같은 존재가 되어야 한다.

아이의 옳은 행동을 구체적으로 칭찬해주기

정신의학자 '알프레드 아들러'는 아이가 문제행동을 하는 이유를 '주목받기 위해서'라고 설명한다. 자존감이 높은 아이는 문제행동을 일으키지 않는다. 그럴 필요가 없기 때문이다. 칭찬을 받으면 잘한 것이고 칭찬을 받지 못해도 그냥 넘길 수 있다. 그러나 자존감이 낮은 아이는 칭찬을 들

부모는 아이가 성인이 되어 독립을 할 수 있을 때까지
항상 곁에서 제대로 된 방향을 제시해주는
'나침반'과 같은 존재가 되어야 한다.

지 못하면 자신이 잘하는 것이 없다고 느끼고 열등감을 느끼게 된다. 열등감은 문제 행동을 일으키기 마련이다. 평소 주위 사람들에게 칭찬을 받지 못하고 관심도 못 받았는데, 문제 행동을 하면 자신을 바라봐주기 때문에 '계속 문제 행동을 해서 주목이라도 받자.'라는 생각을 한다.

초등학교 1학년 민철이는 툭하면 신발과 양말을 모두 벗고 맨발로 학원을 돌아다닌다. 자기 집인 것처럼 바닥에 주저앉기도 한다. 나는 민철이가 이해할 수 있을 만한 설명으로 그 행동이 옳지 않다고 말해주었다. 하지만 행동은 오히려 더 자주 반복됐다. 민철이가 맨발로 처음 다녔을 때 나는 "신발은 어디 있니?", "발바닥 검은색 되겠다."라고 관심을 보여주었다. "어! 여기에 신발이 버려져 있네. 신발 주웠다."라는 장난을 치니 아이는 관심과 주목을 받기 위해 더 반복했다.

민철이는 어느 것 하나 뚜렷하게 잘하는 아이는 아니었다. 말할 때 살짝 발음이 부정확하고 친구들에게 인기 있는 아이가 아니었다. 그래서 관심을 끌고자 신발을 벗고 돌아다니는 '주목받기'에 초점을 둔 것이다. 예전에 어머니와의 상담에서 어머니는 아이가 산만하고 학습에 주의집중을 못 한다는 말을 전해주셨다. 어머니는 상담할 때도 민철이를 걱정하시는 느낌이 많이 들었다. 나는 민철이를 수업시간에 지켜보며 아무리 사소한 것이더라도 칭찬을 구체적으로 해주었다. 민철이가 스스로 인정하면서 남이 보았을 때도 인정할 만한 장점을 찾아주려고 노력했다.

"민철아, 오늘은 누나한테 장난을 안 치네? 선생님은 민철이가 수업에 집중하니깐 장난을 안 쳤다고 생각해. 오늘 미술 집중해서 잘했다고 생각하니?"

민철이는 "네. 그런 것 같아요."라며 좋아했다. 나는 좋지 않은 태도는 최대한 적게, 잘한 것은 많이 그리고 꾸준히 칭찬해주었다. 민철이는 한동안 계속 신발을 벗고 다니긴 했다.

"민철아, 미술을 배운 지 벌써 6개월이나 지난 것 아니? 그동안 그렸던 스케치북을 한번 살펴보자. 예전에 그린 그림들을 보면 엄청 재미있고 웃음이 나기도 해."

민철이와 나란히 앉아서 스케치북을 천천히 훑어보았다. 민철이의 생각도 들어보면서 아이의 그림을 한장 한장 넘겼다. 점점 향상된 아이의 실력이 보였다.

"민철아, 너는 이렇게 성실하고 꾸준한 학생이야. 민철이는 그거 몰랐지? 선생님은 이 스케치북을 자주 보면서 민철이가 노력하고 점점 미술을 좋아하고 있다는 것을 알게 됐어."

민철이는 성실함과 꾸준함으로 실력이 늘었음을 인정하고 웃음을 보였다. 때론 개구장이의 모습을 보여주었지만 집중해서 수업할 때는 자리에 차분히 앉아서 그림을 열심히 그리는 것이 아닌가! 이게 바로 서로 인정하고 느낀 결과이다. 억지로 칭찬하면 아이는 자연스럽게 받아들이지 못한다. 왜냐하면 아이는 순수해서 본인이 못 느끼면 장점이든지 단점이든지 와 닿지 않기 때문이다.

아이의 옳은 행동을 구체적으로 칭찬해줘야 그 경험에서 아이가 깨달을 수 있다. 나는 민철이에게 때때로 잔소리를 할 때도 있지만 주로 믿는다는 확신을 심어주며 지도했다. 몇 주가 지나 신기하게 민철이의 신발 벗기 버릇이 싹 사라졌다. 이제는 관심을 받기 위해 엉뚱한 행동을 안 해도 됐으리라 본다. 왜냐면, 학원에 오면 나의 믿음과 신뢰를 받는 멋진 학생이라 스스로 생각하고 자신감이 생겼기 때문이다.

아이는 야단을 맞는다고 바뀌지 않는다. 아이의 문제행동에는 반드시 이유가 있다. 아이는 불편하거나 마음에 들지 않고 주목받고 싶기 때문에 잘못된 행동을 보일 수 있다. 세상에 나쁜 아이는 없다. 단지 오해의 소지가 있는 행동을 할 뿐이다. 이런 아이들의 마음을 먼저 알고, 관심을 두면 아이는 저절로 문제행동을 하지 않게 된다. 때로는 일관적이고 단호한 훈육도 필요하다. 하지만 아이가 잘하는 것을 구체적으로 칭찬받으면 문제 행동을 일으킬 이유가 없어진다는 것을 부모가 알아야 한다.

아이의 반복되는 문제 행동을 생각해보세요. 어떻게 하면 아이의 변화를 기대할 수 있을지 적어주세요.

온 가족의
행복과 미래를 만들어라

"밖의 100명의 스승보다 가정에서 한 명의 아버지 스승이 낫다."

01 독서 하브루타로 뇌와 감성을 깨운다

독서로 아이의 생각하는 능력을 키우자

'어떻게 하면 모든 백성들이 쉽게 글을 알게 할까?'라는 세종대왕의 질문으로 지금의 한글이 창제되었다. 발명왕 에디슨은 모르는 것에 대해서 질문을 가장 많이 한 위인으로 꼽힌다. 그리고 콜럼버스, 루터, 갈릴레이, 레오나르도 다빈치 등의 위인들도 끊임없이 질문했다. 이 위인들의 공통점은 질문뿐만 아니라 바로 독서의 효과를 보았다는 것이다. 에디슨은 초등학교 시절에 저능아로 판정받아 학교에서 쫓겨났다. 하지만 어머니 낸시는 아들의 잠재력을 깨우기 위해 독서교육을 선택했다.

어릴 때 좋은 습관을 지니라고 하는 이유는 이런 습관들이 결국에는 자신의 성장에 커다란 영향을 끼치기 때문이다. 그래서 부모는 아이가 어렸을 때부터 좋은 습관을 지닐 수 있도록 독서 하브루타를 실천하는 것이 좋다. 아이가 늘 질문하게 하려면 어릴 때부터 엄마와의 대화 놀이가 중요하다. 에디슨의 어머니가 했던 것처럼 독서가 아이의 잠재력을 깨우는 중요한 열쇠이기 때문이다.

현대가 문명화되고 편리해진 생활에 익숙해질수록 사람들은 질문이 없어진다. 컴퓨터와 모바일의 발전으로 검색창에 궁금한 점을 검색하면 바로 해답을 얻을 수 있다. 게다가 조직과 산업 사회는 만들어놓은 답에 맞춰 살게끔 편리를 제공한다. 편리해진 생활에서 사람들은 꼬리에 꼬리를 무는 질문이나 논쟁을 하지 않게 된다.

인간을 인간답게 만들어주는 것은 '인간은 생각하는 동물'이라는 사실이다. 생각하는 능력을 키워주는 데 필요한 것이 바로 독서이다. 책을 읽으면 새로운 관점으로 세상을 바라볼 수 있고 비판적으로 사고할 수 있다. 이것은 곧 똑같은 생각을 하는 것이 아닌 자신만의 개성적이고 창의적인 생각을 하도록 도와준다. 미래사회는 창의성이라는 키워드에 주목하고 있다.

독서에도 감정 교육이 필요하다

아이가 어려 글을 모를 때는 엄마가 책을 읽어준다. 엄마가 책을 읽어주면 엄마와 아이가 서로의 감정을 교감할 수 있고 책 내용에서는 교훈을 얻을 수 있다. 하지만 질문, 대화 그리고 아이 감정 교육이 병행되지 않은 독서는 밑 빠진 독에 물을 붓는 꼴이다.

다음은 책을 읽어주는 엄마의 태도와 자세가 중요하다는 사례를 보여준다.

첫째, EBS 〈마더 쇼크〉에 나온 지윤이 엄마는 아이에게 단순히 책을 읽어주기만 한다. 아이가 질문해도 제대로 반응하지 않고 책을 읽는 행동과 엄마의 말이 우선한다. 아이는 감정에 솔직하지 않게 대답하거나 속상해하면서 엄마를 회피하는 반응을 보였다.

둘째, 인규 엄마는 아이의 질문에 반응하고 대화하면서 책을 읽어준다. 인규 엄마는 책을 읽어줄 때 아이와 소통하며 책의 내용을 전달한다. 인규는 "발로 뻥 차버렸어.", "응, 나쁘다."라며 동화 속 주인공의 감정을 예민하게 읽어내기도 한다.

지윤이는 엄마와 책을 읽을 때 바르게 앉아서 책을 읽지 않아 잔소리를 듣는다. 인규는 또박또박 대답할 정도의 나이는 아니지만, 엄마는 아이에게 책 속의 이야기를 물어보면서 아이와 소통하고 공감한다. "다른 친구는 멋진 로봇을 가지고 있는데 인규는 없어. 그게 바로 부러운 거야."라며 동화 속에 나오는 '부럽다'라는 의미를 전달한다.

이 사례들에서 알 수 있듯이 아이에게 독서의 흥미를 유발하고 엄마와의 시간을 즐기게 해주는 것은 엄마에게 무척 큰 임무이다. 어린 시절 엄마와의 독서가 아이의 '정서 지능EQ'에 긍정적 영향을 미친다.

미국 예일대 심리학과의 피터 셀러비 교수는 1990년대 초에 '정서 지능(EQ)'의 개념을 학계에 발표한다. 그는 정서적인 능력이 지능의 일부로 해석되어야 하는 이유를 다음과 같이 설명했다.

"연구를 통해 이성적인 결정이나 문제 해결 작업을 할 때 감정적인 요소가 개입한다는 것을 알아냈습니다. 의사결정과 문제 해결을 담당하는 뇌의 한 부분이 감정과 연관된 뇌의 한 부분과 함께 작동한다는 것이죠. 정서 지능 검사에서 높은 점수를 받은 사람들은 친구를 사귀는 데 더 수월하고 낯선 이들과도 더 쉽게 이야기하며, 직장에서 리더가 되는 경우가 많아 분위기를 좋게 하고 그룹 활동에도 이바지합니다."

독서를 통해 발달하는 아이의 '정서 지능'은 엄마가 아이를 대하는 태도와 자세가 바탕이 되는 것이다. 하브루타 독서는 어려운 것이 아니다. 위의 사례처럼 엄마는 질문하고 아이가 그 질문에 대해서 생각하며 대화를 이어가게 만드는 것이다.

독서 하브루타로 아이의 잠든 뇌를 깨워주자

독서 하브루타로 엄마가 아이와 편하게 질문 대화를 해보자. 누리과정에 있는 책 『901호 띵똥 아저씨』를 선정했다. 아이가 글을 모르면 엄마가 책을 읽어주며 층간소음에 관해 설명해줄 수 있다.

"아파트에서 쿵쿵 뛰고 크게 소리 지르는 것을 층간소음이라고 하는 거야."

"집에서 쿵쿵 뛰어놀았던 기억이 있었는지 생각해볼까?"

"집에서 뛰는 행동은 좋은 걸까? 나쁜 걸까?"

"띵똥 아저씨는 기분이 어떨까?"

"산이와 별이는 무슨 감정일까?"

"유치원이나 학교에서 이것과 비슷한 경험이 있었니?"

엄마와 아이가 함께 질문을 만드는 연습을 꾸준히 해보아야 한다. 어떤 질문을 만들어도 좋다. 아이가 엉뚱한 질문을 만들어도 인정해주고 대화를 이어가야 한다. 연습을 통해 아이는 더 좋은 질문을 만들 수 있기 때문이다.

아이에게 책을 읽어주면서 질문을 해도 좋다. 책의 내용 전달이 중요한 것이지 글자를 틀리지 않게 읽는 것은 중요하지 않다. 아이가 글을 스스로 읽을 수 있고 혼자 읽기를 원하면 다 읽고 난 후에 독서 하브루타를 실천해도 좋다. 책에 등장하는 인물의 감정이나 생각을 서로 이야기하며 무엇을 느꼈는지 대화하듯 편하게 말하는 것이 독서 하브루타의 기본이다. 아이가 비슷한 경험이 있었다며 친구가 시끄럽게 했던 이야기를 들려준다면 "친구가 소란스럽게 행동했을 때 기분이 어땠어?"라고 물어보는 것도 좋다. 책에 나온 내용에 대해서만 대화하지 말고 일상 경험을 이야기하며 사고를 확장한다. 실제 벌어졌던 일에 대해 대화하며 당시의 상황에 대한 아이의 감정을 파악하고 어떻게 대처해야 하는지 알려줄 좋은 기회이다.

김도윤, 안진수 교사가 쓴 『어린이 하브루타 공부법』은 아이들이 공부한 후 24시간이 지났을 때 학습 내용이 머릿속에 얼마나 남아 있는지 비율로 나타냈다. 하브루타로 서로 설명하기 90%, 실제 해보기 75%, 모둠 토론 50%, 시범 강의 보기 30%, 동영상 강의 듣기 20%, 읽기 10%, 수업 듣기 5%로 나타났다.

〈출처 : NTL(National Training Laboratories)〉

독서를 하면서 아이에게도 질문하는 방법을 알려주는 것은 어떨까? 『어린이 하브루타 공부법』에 등장한 질문 만드는 법 4가지를 소개한다. '사실 질문', '상상 질문', '적용 질문', '종합 질문'이다.

나는 동화책을 읽어주고 책이 주는 교훈에 대해서 아이들과 대화한 후 그림으로 표현한다. 그리고 책을 읽어주면서 내용과 등장인물의 감정을 물어보기도 한다.

예를 들어, '사실 질문'은 "나무꾼은 선녀가 목욕하는 동안 무엇을 훔쳤을까?"라고 묻는 것이다. 책에 나오는 내용의 사실을 묻는 방법이다.

'상상 질문'은 주인공이 하지 않은 행동을 생각해보는 질문이다. "나무꾼이 선녀의 옷을 훔치지 않았다면 어떤 일이 일어났을까?"라는 질문을 던진다.

'적용 질문'은 "나무꾼처럼 무엇을 갖고 싶어서 상대를 곤란하게 한 적이 있었나?"이고, 마지막으로 '종합 질문'은 사실, 상상, 적용 질문을 모두 적용한 후 전체적인 관점에서 질문을 만드는 것이다. "나무꾼이 선녀의 옷을 훔쳐 선녀와 아이를 낳고 살았지만, 이들은 과연 행복했을까?" 등 전체적인 내용을 생각하며 질문을 한다.

엄마가 먼저 질문을 만들어 아이에게 얘기해준다. 그리고 아이가 4가지 질문 만드는 법을 적용해 질문을 만들 수 있도록 연습을 도와주자.

독서 하브루타는 아이의 잠든 뇌를 깨워주고 독해력, 사고력, 표현력을 높여주는 활동이다. 아이는 독서를 통해 엄마와의 애착 관계 형성은 물론 이해력, 논리력, 리더십, 창의력 등등 여러 방면의 능력을 키울 수 있는 시간이 된다.

책을 고를 때 아이가 원하는 책과 엄마가 원하는 책이 다르다면 어떻게 할지 적어주세요.

02 현명한 엄마, 질문하는 아이가 된다

질문에는 다시 질문으로 답하기

유명한 철학자 소크라테스는 '문답법'으로 유명하다. 그는 질문을 던지는 것 자체에 큰 의미를 두었다. 제자들이 던진 질문에 정답을 주지 않고 거꾸로 질문을 던졌다. 소크라테스는 상대를 비판하지 않고 상대방의 주장이 옳다는 가정하에 논리를 전개하고 그 속에서 깨달음을 발견하는 변증법을 사용했다. 변증법은 그리스어의 동사 '대화하다'를 뜻하는 말에서 유래했다.

나는 『소크라테스의 변명』이란 책을 감명 깊게 읽었다. 책 속에서 소크라테스의 행동을 보면, 자신은 모르는 것인데 다른 사람이 그것을 알고 있다면 주저 없이 달려가 상대에게 질문을 던진다. 궁금하면 참지 못하고 물어보았으리라 짐작한다. 그렇게 질문하고 끊임없이 대화하며 소크라테스는 깨달음을 얻는다. 이 과정을 반복한다. 질문, 토론, 대화 방식은 이렇듯 지혜로운 위인이 자주 사용하던 방식이다. 질문에서 얻는 큰 수확은 인생을 살아가며 자신만의 주체적인 생각을 하게 된다는 것이다.

자신이 모르는 것을 알고자 질문하는 것은 나를 성장시키고 발전시키는 좋은 기회가 된다. 어린 시절부터 자주 질문하는 아이는 아주 잘 성장하고 있는 것이다. 그렇다면 질문법을 아이에게 알려주는 사람은 누구일까? 바로 엄마다. 엄마는 아이가 태어나 가장 처음으로 만나는 첫 스승이기 때문이다.

순수한 아이들의 머릿속에서 질문이라는 개념은 궁금증이다. 모르는 것을 알고 싶은 욕구가 있기 때문이다. 욕구란 아주 중요한 감정이다. 욕구가 생겨야 아이가 무언가에 흥미를 느껴 물어보거나 행동하기 때문이다. 정말 중요한 욕구는 이렇듯 질문과 연결되어 있다. 그렇다면 아이가 질문하도록 만들기 위해서는 어떻게 해야 할까? 엄마가 습관처럼 먼저 질문해야 한다. '내 아이가 끊임없이 생각하도록 하는 질문은 뭘까?'라는 생각을 항상 해야 한다. 질문하는 엄마의 모습을 보며 자란 아이는 똑똑한 질문을 하게 된다.

나는 꼬리에 꼬리를 무는 질문법을 사용한다. 초보 선생 시절에는 "사과는 왜 빨개요?"라는 질문을 받고 난감한 적이 있었다. "선생님은 사과 박사가 아니라서 모르겠네."라고 둘러댔다. 지금 생각하면 창피한 일이 아닐 수 없다. 아이가 궁금한 것을 바로 포기하게 했다. 의외로 사과는 왜 빨간지 물어보는 제자들이 많다. 지금 나는 그 질문에 이렇게 질문을 이어간다.

"사과는 정말 모두 빨간색일까?"
"사과는 어떤 색이 먼저 나타나고 어떤 색으로 바뀔까?"
"한 개의 사과에는 어떤 색들이 들어 있는지 말해볼까?"
"사과의 색을 변하게 만드는 것에는 어떤 것들이 있을까?"

정답이 아니어도 되니까 한번 생각해보라고 한다. 아이들은 이미 사과를 먹어봤고 관찰했다. 일상 경험들 속에서 얻은 깨달음과 지혜를 간과하면 안 된다.

이런 대화법은 정확한 답을 아이에게 알려주지 않아도 아이를 만족시킨다. 선생이 관심을 가지고 자신의 질문에 관한 대화를 해줘서 고마워한다. 아이는 때론 "스마트폰으로 검색해보면 안 돼요?"라고 요청한다. 나는 검색해서 수수께끼를 내보라고 한다. 질문은 훈련이 필요하다. 아이가 이런 과정을 통해 오래 기억하거나 계속 궁금증이 생기길 바란다.

나는 아이들에게 사소한 것도 꼭 질문하라고 한다. 아이들과 함께 무언가를 알아가는 과정을 통해 서로 성장하기 때문이다.

질문의 가치와 훈련

엄마는 아이가 '왜?'를 남발하는 질문을 받아보았을 것이다. 아이가 "왜?", "이건 뭐야?"라는 질문을 반복하면 슬슬 짜증이 밀려온다. 엄마가 계속 정답을 찾아 말해줘야 한다고 생각하기 때문이다.

아이가 똑똑하게 질문하게 하려면 엄마는 어떻게 해야 할까? 엄마 자신도 정답은 없다고 생각해야 한다. 그리고 계속 궁금증을 유발하게 만들어준다. '함께 알아보자'라는 수평적인 관계를 취해야 한다. 엄마는 이미 아이보다 알고 있는 경험과 정보가 많지만, 부족한 부분은 엄마도 책을 읽거나 공부해야 한다. 아이가 질문을 던졌지만 정확한 답을 찾는 것은 그 순간이 될 수 없다. 성장하는 과정에서 궁금증을 가지고 스스로 책을 보거나 다양한 방법을 동원해 답을 알아가게 되는 것이다. 다른 장소에서 비슷한 궁금증이 생기면 선생님이나 다른 사람에게 좋은 질문을 던질 것이다. 질문하고 이해하며 계속 생각하는 연습이 바로 진정한 학습이다.

아이들이 궁금증이 생겨 질문한다는 것은 좋은 일이다. 아이에게 하나를 알려주면 열을 알게 되는 효과 때문이다. 바로 질문에는 다시 질문이

질문하고 이해하며 계속 생각하는 연습이 바로 진정한 학습이다.

라는 대화 형식으로 말이다. 아이의 생각과 사고력은 한순간에 발달하지 않는다. 어린 시절부터 반복되는 질문, 대화 놀이로 습관을 들여야 한다. 그래야 아이들이 학교나 다른 곳에서도 똑똑한 질문을 하게 된다. 이해가 되지 않으면 계속 탐구하려 노력할 것이다. 하나의 주제를 놓고 그것만 생각하는 것이 아니라 다른 것들이 모두 유기적으로 연결되어 있다는 것을 알게 된다. 그렇게 된다면 아이는 '한 개의 사과에는 왜 다양한 색이 존재하나요?'라며 질문의 질을 높일 수 있다.

어느 여인이 랍비에게 질문했다. 랍비가 아니더라도 누구나 대답할 수 있는 질문이었다. 랍비는 관련된 책을 읽고 시간을 끄는 척을 했다. 옆에 있던 한 유대인이 간단한 질문인데, 왜 시간을 끌었냐고 물어보았다. 랍비는 이렇게 말했다. "내가 바로 답을 하면, 그 여인은 사소한 질문을 한 줄 알고 부끄러워할 것이네. 시간을 끌어서 귀중한 질문을 했다는 것을 알려주고 싶었다네." 사소한 질문이라도 귀하게 여기는 유대 전통이 현재까지 대단한 업적을 만든 것이다.

현명한 엄마는 아이가 늘 질문하게 만든다. 일상에서 사소한 질문에서부터 시작하는 훈련이 필요하다. 아이와 함께 있는 시간은 아이를 돌보는 시간뿐만 아니라 교감을 나눈다고 생각해야 한다. 아이가 궁금증이 생겨 질문할 때 경청, 존중이 바탕이 되어야 한다는 사실을 기억해야 한다. 아이는 엄마의 정답이 중요한 것이 아니다. 아이의 말을 들어주고 함께 대화를 나누면서 다시 질문으로 생각을 확장하는 과정이 중요하다. 이런 엄마의 태도는 다음에 또 아이의 질문을 자연스럽게 유도한다. 그리고 아이가 성공과 실패를 경험해 성취감과 대처 능력을 경험하도록 환경을 만들어주는 것도 중요하다. 아이가 보고 듣고 느끼는 것이 있어야지 궁금증도 갖게 될 것이며, 경험을 통해 궁금증이 발생해야 질문이라는 욕구를 낳기 때문이다.

아이는 서슴없이 질문을 던지고 정답보다 궁금증에 관련된 이야기를 나누고 탐구하는 것을 즐기게 된다. 그렇게 되면 아이는 다른 사람들과의 관계에서도 정답을 찾으려는 질문이 아니라 함께 소통하고 긍정적인 방향으로의 대화가 가능해진다.

아이가 말꼬리를 잡고 계속 질문을 합니다.

10분 이상 아이에게 화내지 않고 함께 대화해줄 수 있나요?

(YES or NO 선택한 이유에 대해 간단히 적어보세요)

'실천하지 않는 지식은 지식이 아닌 것'

유대인은 랍비에게 상담을 자주 받는다. 랍비는 머리로는 아는데 실제로 실천하지 않는 지식이라면 모르는 것과 다름없다고 한다. 그래서 지식을 실천하는 다른 랍비에게 상담을 이임한다.

—출처 EBS 〈미래강연Q〉 질문의 가치와 문화 편

03 아이의 자기주도적 학습을 가능하게 한다

아이를 똑똑하게 키우는 비법은 '하브루타'

'자식은 부모에게 왜 효도를 해야 하나?'라는 질문을 받았다고 생각해 보자. '부모는 자식을 낳아주고 키워주었기 때문에 효도해야 한다.'라는 대답이 나왔다. 그러면 상대방이 다시 질문한다. '부모가 사랑 없이 낳아주고 키워주어도 효도를 해야 하나?'라는 질문이 다시 이어질 수 있다. 다음 대답은 각자 다르게 나뉘고 다시 확장된 질문과 대답이 이어질 것이다.

가정에서 하브루타를 해야 하는 이유는 자기의 생각을 상대방에게 논리적으로 말해서 이해를 시키기 위함이다. 이런 학습은 배워서 익힌 것을 시험 성적에 반영하는 단기적인 효과보다 내가 원하는 대로 실행할 수 있게 한다. 하브루타로 단련된 아이는 정서 능력뿐만 아니라 인지 능력도 발달한다. '인지'는 어떤 것을 이해한 후에 알게 되는 지식, 흔히 말하는 지적 능력이다. 대한민국 엄마들의 치맛바람과 교육열이 대단한 것은 세계적으로도 유명하다. 이런 엄마들에게 아이를 똑똑하게 키우는 비법은 '하브루타'라고 말할 수 있다.

꼬리에 꼬리를 무는 질문, 토론, 대화 수업은 주제에 대한 생각을 확장시킨다. 그리고 폭넓은 사고를 할 수 있게 아이들의 생각 주머니를 자극한다. 이 방법이 학습에서 이루어진다면 어떨까? 학생들의 개성 있는 의견들이 수업을 주도적으로 이끌고 궁금증을 계속 찾아낸다면 그날 배운 학습은 수십 년이 지나도 잊지 않을 것이다. 모르는 것을 알기 위해 탐구하고 익히는 것이 교육인데 우리는 너무 궁금증 없이 알려주는 것만 배워왔다.

내가 초등 3학년 때 우리 반은 발표를 적극적으로 하는 반이었다. 담임선생님께서는 정답을 몰라도 손을 들고 발표하라고 하셨다. 우선 무조건 손을 들고 일어난 후, 답을 모르면 교과서를 보고 답을 해도 되었다. 반 친구들은 칭찬받는 재미를 느끼며 시도 때도 없이 손을 들어 엉뚱한 말이라도 하고 앉았다. 나는 수십 년이 지난 지금도 그때 기억이 선하다.

선생님께서 대부분 수업시간에 설명으로 주도하셨지만, 하브루타와 방향은 비슷했다. 달달 외운 것을 기계적으로 풀고 정답을 찾아내는 수업과는 달랐다.

과학상상화는 새 학기가 시작하면 미술학원에서 꼭 한 번은 그려보아야 할 주제이다. 과학상상화 수업을 위해 아이들과 대화를 하다가 미래사회를 이야기하는 열띤 토론시간이 되어버렸다. 지구 온난화로 북극곰이 죽어가는 이야기, 인공지능 컴퓨터와 이세돌의 바둑 대결, 미래에 공룡을 재탄생 시키는 이야기 등 아이들은 천재처럼 이야기한다. 이렇게 생각하는 능력이 뛰어난데 왜 조용히 듣는 수업을 해야만 하는가? 가정과 학교 어느 곳에서든지 자신이 알고 있는 것을 말로 표현해야 한다. 아이들의 생각이 뒤죽박죽 정리되지 않더라도 아이들이 생각한 것을 말로 표현하게 용기를 북돋아줘야 한다. 그렇게 한다면 아이들이 성장해 가면서 스스로 깨달은 점들을 알아서 정리할 것이다. 더 나아가 질문을 서슴없이 하고 찾고자 하는 답이 나오지 않을 때는 그냥 넘어가지 않고 계속 찾으려고 할 것이다. 가정에서 이런 분위기를 만들어야 한다.

동방예의지국을 강조하는 우리나라에서는 어른에게 버릇없는 행동과 아이가 궁금증을 해소하기 위해 말대꾸처럼 보이는 행동을 구별해야 한다. 유대인 강의실에선 선생의 답이 미진하면 학생들이 불쑥 치고 들어와 질문한다. 이들에게 학교는 예의를 갖춰 선생님의 가르침만 배우는 곳이 아니다. 혼자 조용히 책을 읽는 것은 일종의 예습이고, 진짜 공부는 같이 머리를 맞대고 생각을 나누는 것이다.

하브루타는 자기주도학습을 가능하게 한다

몇 해 전 〈특집 2016 EBS 신년 대기획 대한민국 교육, 미래를 말하다〉라는 방송을 시청했다. '2030년 미래 뉴스'라는 제목이었다. 호기심을 자극했고, 방송을 시청한 후에 교육에 대해 깊은 생각을 하게 만들었다.

'브레인 업로드를 이용한 온라인 거래 증가'는 개인의 뇌 안에 있는 정보와 지식을 가상공간에 올리는 브레인 업로드가 상용화되어서 개인의 정보와 지식을 사고파는 일이 가능해진다는 소식이었다.

다음 소식은 '대한민국 마지막 고등학교의 폐교'였다. 이로써 대한민국의 모든 초, 중, 고등학교는 역사 속에서 그 자취를 감추었다고 발표했다. 주입식 대량교육에 지친 학생들이 학교를 떠나기 시작하면서 그 대안으로 떠오른 '맞춤형 개별학습'이 안정화 단계에 들어섰다는 내용이었다. 비슷한 적성, 관심사를 가진 학생들이 모여 '학습 조합'을 맞추고 그때그때 적합한 교사를 찾아 도움을 얻는 학습방식이라고 설명했다.

마지막 소식은 '나노 대학에 밀린 일반 대학 폐교 위기'였다. 나노 대학의 제적 학생 수가 일반 대학교의 제적 학생 수를 넘어선 것으로 발표됐다. 신기술이 등장하는 즉시 강좌를 개설하는 나노 대학은 일반 대학의 4년 과정을 3개월 만에 끝낼 수 있으므로 큰 인기를 얻고 있다는 내용이었다. 미래의 대한민국을 예측해본 '가상 뉴스였습니다.'로 마무리를 지었다.

나는 예전에 주입식 미술 교육만 강요하던 선생님이었다. 그림을 그리는 기술만 가르쳤다. 아이들의 관점에서 지도한 게 아니라 내 입장에서만 지도했다. 순수한 아이들은 나를 많이 사랑해주었다. '선생님 사랑해요'라고 쓴 삐뚤빼뚤한 글씨와 공주같이 예쁜 내 얼굴이 담긴 그림편지, 자그마한 초콜릿과자 봉지를 내게 내밀며 아끼던 간식으로 마음을 전한 제자. 나는 '왜 진작 하브루타를 제자들에게 하지 않았을까?' 나와 같은 생각을 하는 부모라면 오늘 당장 하브루타를 실천해보길 바란다.

주제를 제시하는 수업으로 아이들의 생각을 천천히 들여다보았다. 공룡을 주제로 하는 수업시간의 일이다. 함께 수업하는 방식으로 질문 만들기 놀이를 유도했다. 육식공룡, 초식공룡 어느 것을 그릴까?, 공룡이 사는 곳은 어디일까?, 내가 그리고 싶은 공룡은 무엇을 하고 있을까?, 공룡은 왜 지금 볼 수 없을까? 등 질문을 생각하고 이야기 나누는 시간을 가졌다. 이번엔 아이들이 질문을 만들 차례이다. 아이들은 자신의 그림과 다른 사람의 그림에 들어갔으면 하는 것들을 질문으로 만들어주었다.

"하늘에 구름을 그려보는 것은 어떨까?"
"공룡과 어울리는 동물은 무엇이 있을까?"
"땅에는 무엇을 그려볼까?" 등의 질문을 아이들이 만들었다.

좋은 아이디어는 친구들이 받아들이고 그림의 소재가 되었다. 예쁘고 귀여운 것을 좋아하는 대부분의 여자아이들도 적극적으로 공룡에 관한 이야기를 하고 있었다. 과학자가 꿈인 아이는 미래에 공룡을 만들어보고 싶다는 꿈을 이야기하기도 했다. 사육사가 꿈인 어떤 아이는 공룡과 비슷하게 생긴 동물인 '샌드피시'에 대해서 말하기도 했다. 아이들은 샌드피시가 무엇인지 다시 질문하고 대답을 듣는 과정에서 자유롭게 대화하고 경청했다.

공룡을 볼 수 없는 이유를 가설이라고 이야기하기도 하고, 엉뚱한 소리를 하는 아이에게 그것을 제대로 알려주려고 설명을 해주기도 한다. 아이들이 학교나 다른 학원에서 배운 내용을 재해석하고 있었다. 이런 대화 수업은 아이들이 알고 있는 지식을 상대에게 말할 때 논리적으로 이해시키는 연습도 된다. 70분이라는 수업 시간은 아쉬울 정도로 빨리 흘러갔다. 아이들은 자기 생각을 더 많이 말하고 싶어 하는 눈치였다.

하브루타는 모든 학습과 연결되어 있다. 학습은 억지로 하는 것보다 자기주도적인 행동이 중요하기 때문이다. 하브루타는 자기주도학습을 가능하게 한다. 내가 하브루타로 얻은 가장 큰 성과는 아이들의 태도가 달라진 것이다. 이런 분위기에서 말이 없고 소극적인 아이들이 변하는 것은 시간문제다. 이것이 습관처럼 이루어진다면 아이들은 어느 곳에서 학습하든지 질문과 토론을 하는 방법을 사용할 것이다. 아이들에게 함께 이야기를 나누면서 수업하는 것이 좋은지 물어보았다. 아이들의 대답이 궁금한가? 내가 굳이 말하지 않아도 예상할 수 있을 것이다.

매일매일 하브루타 : 돌발 퀴즈 17

부모 참관 수업에 참여했다고 생각해보세요.

내 아이가 선생님의 수업에 계속 손을 들고 질문을 합니다.

어떤 기분이 들까요?

(느낌과 그렇게 생각한 이유를 간단히 적어보세요.)

04 아이를 앞서 나가는 최고의 인재로 만든다

아이 마음을 이해한 후 대화를 시도하라

서바이벌 프로그램을 보면 출연자들은 꿈을 이루기 위한 하나의 과정이라 생각하고 도전한다. 방송사마다 다른 시기에 서바이벌 프로그램을 진행하는데 거기에는 다른 곳에서 도전하고 안타깝게 떨어진 지원자들도 볼 수 있다. 탈락이라는 좌절을 겪어도 다시 도전하고 자신의 부족한 점을 보완하여 계속 도전한다. 이런 방송을 보면서 그저 재미있다고 생각하면 안 된다. 가족과 함께 시청하고 나서 하브루타를 이어가길 바란다.

최근에 본 〈프로듀스 101 시즌2〉는 그저 TV를 즐겁게 시청하고 넘기던 내 모습에 변화를 느끼게 해준 프로그램이었다. 나는 새로운 목표와 원하는 인생의 방향을 생각하고 고민하던 중이었다. 그래서 그 프로그램에 나온 가수 지망생 및 소속사 가수들의 열정과 도전을 관심 있게 지켜보았다. 사실 아이들에게 TV 시청은 좋지 않다고 말하며 공부만을 강조하지만, 때론 이런 프로그램 시청 후 이루고 싶은 꿈에 관련된 대화를 나누면 아이의 진로나 생각을 들어볼 좋은 기회가 될 수도 있다.

예전에 〈빅 히어로〉라는 애니메이션 영화를 보고 왔다며 줄거리를 이야기해준 제자가 있었다. 제자의 말을 듣고 나 역시 흥미가 생겼다. 아이와 대화를 하면서 아이가 과학에 관련된 이야기를 많이 한다고 생각했다. 아이는 과학자가 되고 싶어서 그 영화를 관심 있게 보았다는 것이다. 한 편의 영화는 일반 교육에서 얻을 수 없는 상상력과 창의력을 전달하기에 부족함이 없다. 아이들과 수업 전 그리고 수업을 진행하며 나누는 대화에 아주 큰 힌트가 숨어 있다. 아이들이 현재 느끼고 있는 흥미와 관심사를 알 수 있다. 나는 그것을 수업에 반영하여 아이들의 생각을 그림이나 작품에 표현하게 해준다. 나는 길면 90분이라는 시간에 아이들이 상상의 날개를 펼칠 수 있도록 한다. 때론 학부모 상담을 통하여 어머니께 아이들의 이야기를 전달해주고 아이의 잠재력에 관해 이야기해준다. 결국 아이의 능력을 극대화해주는 사람은 부모이기 때문이다.

부모는 아이와의 일상 대화에 관심을 두어야 한다. "수업 잘 들었어?",

"오늘은 몇 점 받았어?"라는 말은 지속적인 대화를 가로막는다. 아이의 입장이 되어본다면 그런 질문을 듣고 싶지 않을 것이다. 아이가 실수했거나 점수를 못 받아왔다고 생각해보자. 그렇다면 혼내고 잔소리를 한다고 점수가 높아지고 실수가 만회되는 것은 아니다. 1초 전에 이미 지난 일은 끝난 것이다. 그렇다면 어떻게 해야 할까? '아이가 어떻게 행동하고 생각해서 이런 상황이 벌어지는 것일까?'를 고민해야 한다. 그래서 앞으로 계속 반복되지 않게 하려면 우선 아이의 생각이 어떤 것인지 경청하고 대화를 나누어야 한다.

대화를 나누며 서로의 의견, 생각을 나누는 방법으로는 하브루타가 좋다. 부모와 아이가 함께 모이는 시간을 잘 활용해야 한다. 아빠는 보통 일이 많아 야근을 많이 한다. 그렇다면 아이와 아빠는 함께 시간을 가지는 것이 우선이다. 시간이 날 때마다 아이와 대화를 나누려고 노력해야 하는데 워낙 이런 대화 습관이 들지 않은 가정은 아이와의 대화가 수월하지 않다. 주말에는 부모의 취미생활이나 행사, 모임 등으로 바쁘다고 아이와의 시간을 소홀히 하기 쉽다. 그리고 평일에는 바쁜 업무, 집안일 등으로 아이와 함께 대화하기 힘들다.

이런 이유로 대화할 시간이 부족하다고 말한다면 아이의 정신적 또는 내면의 성장은 기대하지 말아야 한다. 몸만 안전하게 키워주는 부모가 되는 것이다. 아이의 이런 성장을 진정으로 바라는 걸까? 사춘기가 되어서 부모가 문제를 해결하기 위해 대화라도 나눌라치면 방문을 쾅 닫고 들어가버리는 일이 발생할지도 모른다. 아니면 친구들과 어울리며 부모에 관해 하소연할 수도 있다. 힘들고 어려운 일을 부모와 함께 고민하고 해결해야 하는데 아이는 부모와의 일상적인 대화가 어색하고 꺼려지기 때문이다.

학원에서 제자 중에 몇몇은 나에게 엄마의 잔소리가 듣기 싫다고 이야기하거나, 아빠는 자신이 좋아하는 것에 관심이 없다며 하소연을 한 적이 있다. 어린아이들일수록 순수한 마음에 이런 이야기를 서슴없이 하곤한다. 아이가 있었던 단편적인 일을 보고 판단하는 것은 아니다. 오랜 기간 들어온 아이의 이야기에서 아빠는 너무 바쁜 사람이었다.

바쁜 와중에도 아이의 건강한 성장을 위해서 잠깐의 대화시간을 갖는 것은 중요하다. 하루에 단 10분이라도 아이가 요즘 겪는 어려운 점이나 관심 있는 것에 관해 깊이 있는 질문을 하고 대화를 나누는 것이 좋다. 지나치게 바쁜 부모는 아이와의 사소한 대화가 아이의 성장에 커다란 도움이 된다는 것을 간과하고 있지 않은지 생각해봐야 한다.

하브루타로 아이와 소통하라

하브루타는 사실 일상에서 얼마든지 가능하다. 우선 식사시간이 하브루타를 하기 좋다. 모두 모인 식사시간에 가족 구성원의 생각을 듣고 대화하면서 의견을 나눌 수 있기 때문이다. 가족이 모두 모인 식사시간에 밥을 먹으면서 말을 한다고 혼내거나, 손으로 떨어진 음식을 집어 먹는다고 다그칠 것이 아니다. 최근 아이가 무엇을 경험했고 느꼈는지 질문하거나 고민이나 걱정이 있다면, 위로해주고 문제를 해결하도록 격려해야 한다. 아이가 잘못된 행동을 했다면 부모가 바로 도와주지 말고 스스로 할 수 있게 가르쳐주면 된다. 아이가 모르고 실수한 행동을 혼낸다면 아이는 주눅이 들고 눈치를 보게 된다.

유대인은 금요일부터 토요일까지 안식일로 보내는 '샤밧'이라는 전통문화가 있다. 가족끼리 예배당에 다녀오고 식사를 같이한다. 『한국인의 밥상머리 자녀교육법』에서 이대희 저자는 이스라엘 사람들은 안식일에 모두 가정으로 돌아간다고 말한다. 안식일을 철저하게 가족과 같이 지낸다고 생각하니 우리나라와는 다른 광경이다. 그래서 유대인 가족은 이혼율, 가출비율, 음주율, 마약률, 저출산율 등이 세계 최하위가 될 수밖에 없다. 가족 중심 사회인 유대인들은 '샤밧'이 전세계로 흩어진 유대인들을 하나로 이어주는 큰 뿌리 역할을 하고 있었다.

독서 하브루타로 아이와 소통의 장을 펼칠 수 있다. 매주 3번 이상 독서 하브루타 날을 정한다. 처음에는 하루 10분에서 30분 정도로 시간을 정한다. 단순히 책을 읽어주고 끝나는 것이 아니라 책이 주는 교훈에 대해서 질문해야 한다. 질문에 대답하고 다시 궁금한 것을 질문하는 과정이 있어야 아이의 생각을 확인할 수 있다. 책을 스스로 읽을 수 있는 아이는 독서 후 자기 생각을 말로 표현하도록 일러주면 된다. 그 생각이 엉뚱하더라도 경청해주고 공감해주어야 한다. 그렇다면 아이는 자기 생각을 자유롭게 이야기하는 방법을 터득하게 된다. 부모는 시간이 지나 좀 더 논리적으로 말하도록 가르쳐주고 부모 역시 하브루타에 대해 공부해야 한다. 책이 주는 교훈에 대해 부모 역시 아이와 함께 생각해보면서 좋은 대화시간을 갖는 것이다.

영화나 연극을 보고 와서 느낀 점을 이야기하는 것도 좋다. 간단한 그림일기나 감상문을 써서 가족들 앞에서 발표하는 방법도 좋다. 처음에는 익숙하지 않아서 어렵게 느껴진다. 아이는 부모와 즐겁게 지낸 것으로 끝나는 것이 아니라, 경험과 느낌을 떠올려 하브루타가 기억에 오래 남는다.

가정에서 기본적인 인성교육과 하브루타가 밑바탕이 된다면 아이가 스스로 생각하고 남과는 다른 개성과 창의성을 키우는 효과를 기대할 수 있다. 본인이 원하는 꿈을 찾아 성장하도록 이끌어주기 위해서는 어린 시절부터 가정에서 부모의 뒷받침이 있어야 한다. 교육을 담당하는 공교육, 사교육은 그저 거들 뿐이다. 가정에서 부모와의 진정한 교육이 우선

해야 아이는 사회에 나가서도 필요한 자립심, 리더십 등을 지닌 주체적인 사람이 될 수 있다. 그렇게 된다면 원하는 분야의 선두주자가 되어 자신의 길을 스스로 개척하며 살아갈 것이다.

하브루타가 최고의 아이를 만든다. 하브루타를 습관처럼 한 아이는 자존감과 자신감이 높다. 하브루타로 자기 생각과 의견을 논리적으로 바로 떠올려 사고력을 키워주기 때문이다. 어떤 일이나 상황에 '왜?'라는 질문을 하고 항상 생각하고 탐구하려 할 것이다. 이런 자세는 무슨 일이든지 시키는 대로 하는 사람으로 자라지 않게 한다. 4차 산업혁명 시대에 미래 인재가 갖추어야 할 창의적인 문제 해결력, 인성, 공동체 능력, 가치 창출 등을 성장시키는 데에 가장 효과적인 방법이 하브루타이기 때문이다.

탈무드 이야기로 하브루타를 해보세요.

엄마와 아이가 각각 10개의 질문을 만들고 서로 대화합니다.

제목 :

내용 :

엄마 질문 10개 :

아이 질문 10개 :

교훈 (느낀 점) :

05 감정 하브루타는 아이의 미래를 바꾼다

하브루타 감정 수업을 하는 이유

말을 한다는 것은 자기 생각을 상대에게 전하는 행동이다. 그래서 두 명 이상의 아이들이 서로 대화를 하면서 궁금증도 찾고 해결 방법도 찾는 수업이 정말 중요하다. 나는 주제에 대한 아이들의 의견을 들으며 수업하므로 질문 대화 토론 수업이 정말 효과적이라고 생각한다.

에코백 수업을 하는 날이었다. 천 가방에 단순히 그림을 그리는 수업으로 생각하면 안 된다. 에코백은 환경과 연결되어 있기 때문에 하브루타에 적당하다. 그래서 아이들이 한 번은 꼭 해보아야 한다. 에코백이 등장하게 된 이유는 동물과 환경 보호를 위한 것이라고 설명해주었다.

그리고 기본적인 뜻을 설명해주었다. Eco_ecology의 줄임말=생태 + Bag_가방 = Eco Bag. 친환경적인 가방이라고 말해줬다. '나는 비닐백이 아닙니다 I'm not a plastic bag'라는 문구를 가방에 새겼다는 추가 설명도 해주었다.

나는 아이들이 수업을 통해 알게 된 내용을 노트에 적어서 머릿속에 달달 외우기를 바라지 않는다. 미술 수업을 통해 작품으로 만들면서 자연스럽게 뜻을 이해하길 바란다.

"장바구니도 에코백이에요?"

"장바구니는 뭐지?"

"마트에서 물건 살 때 담는 가방이요."

"네가 만든 에코백을 물건 살 때 사용할 생각이 있니?"

"저는 준비물 가방으로 사용할 건데요."

"다른 사람은 어디에 사용하고 싶니?"

"저는 엄마랑 마트 갈 때 가지고 가려고요."

"저는 엄마한테 선물할 거예요."

"한 개만 더 주시면 안 돼요? 친한 친구랑 같이 들고 다니고 싶어서요."

결론은 없다. 어떤 목적을 가지고 사용하느냐에 따라 에코백은 장바구니도 되고 준비물 가방, 또 다른 가방도 된다. 의견과 생각은 주관적이다. 사람은 모두 생각이 똑같지 않기 때문이다. 누군가는 장바구니로 사용하고 싶을 수 있고 패션을 목적으로 메고 다니면 장바구니라고 인정하지 않을 수도 있다.

'감정 수업'을 하는 이유는 제자와 소통을 할 수 있기 때문이다. 아이의 감정을 먼저 알아주고 대하면 마음의 문을 더 잘 열고 나를 신뢰하기 때문이다. 그림 그리는 것을 어려워하는 제자가 있었다. 초등 4학년 아이가 지웠다 그리기를 계속 반복했다. 너무 박박 지우다가 종이가 딸려 와서 구겨지는 일이 벌어졌다. 아이는 그림도 안 그려지는데 종이까지 구겨져서 기분이 언짢았다. 이럴 때 나는 그 마음을 먼저 공감해 준 다음에 설명해준다.

"종이 구겨지면 그릴 맛이 안 나는데."
"괜찮아요. 많이 안 구겨졌어요."

내가 만약 "너 왜 그렇게 그리고 지우기를 반복하니? 그리는 것이 어렵니?"라고 말했다면 아이는 속으로 '잘 안 그려지니깐 그리고 지우고를 반복하지요!'라고 생각할 수 있다. 아이는 노력 중인 것이다. 아이가 마음에 들 때까지 스스로 그려본다면, 난 그저 바라보며 아이가 방법을 발견할 때까지 응원해준다. 하지만 너무 오래 고민을 하고 있다면 말을 건넨다. "도와줄게.", "이렇게 그리는 거야."라는 식의 도움보다는 속상한 마음을 먼저 공감해주려고 노력한다. 그래서 구겨진 종이 이야기로 운을 뗐다.

아이는 그제야 형태에 대해서 궁금한 점과 특징을 살려 그리는 방법을 편하게 질문하기 시작했다. 아이에게 시간이 날 때마다 연습장에 낙서하듯 반복해서 그려보라고 조언해주었다. 그리고 나 역시 어린 시절 연습장이나 노트 끄트머리에 낙서하듯이 자주 그렸던 이야기를 해주었다. 며칠 후 제자는 집과 학교에서 시간이 날 때마다 몇 번 더 연습했다고 말했다.

노력하는 아이는 결국에는 원하는 바를 이룬다. 어려움 없이 매일 칭찬만 듣고 자랐다면 어쩌면 쉽게 포기하는 결과를 가져올 수 있다. 때로는 시련이라는 감정을 겪어보고 인내해야 성취감을 맛보게 된다. 그런 성취감은 아이가 무슨 일을 하든지 든든한 지원군이 되어 도전정신을 키워준다. 이런 결과를 가져다주는 것은 아이와 습관적으로 나누는 '감정 대화'이다.

부모가 아이에게 선물하는 최고의 선물

대부분 아이에게 "커서 무슨 직업을 갖고 싶어?", "어른이 되면 뭐 하는 사람 될래?"라고 묻곤 한다. "이루고 싶은 꿈이 무엇이야?"라고 잘 묻지 않는다. 관심을 가지고 물어보는 것은 좋지만 너무 직업에 초점을 두고 묻지 않길 바란다. '이루고 싶은 꿈'에 초점을 두는 것을 추천한다. 단기적이든지, 장기적이든지 아이들의 꿈은 모두 가치 있고 소중하다.

전통적으로 사용된 돌잡이 물건에는 활, 실타래, 책, 돈, 붓, 마패, 복주머니, 오방색 실 및 색지, 대추 등이 있다. 물건의 의미는 시대를 반영한다. 전통 돌잡이 물건들은 장수와 벼슬, 재물과 재능을 의미한다.

현대의 돌잡이 물건을 살펴보자. 청진기, 마이크, 골프공, 판사봉, 마우스 등 모두 직업에 관련된 물건들이다. 돌 때부터 물건을 보며 아이들이 꿈이 아닌 직업에 눈을 뜨게 만드는 것은 아닌지 생각해보게 된다.

영재들을 보면 좋아하는 직업으로 인해서 자극을 받는 경우는 거의 없다. 아이는 놀이나 경험을 통해 자신의 흥미를 발견한다. 흥미 있는 것에 관심을 가지고 계속 탐구하며 관련된 진로 방향을 찾게 되는 것이다. 즐겨보는 프로그램 중 〈영재 발굴단〉이 있다. 방송에 출연하는 아이들은 모두 뚜렷한 천재적인 능력을 갖추고 있다. 물론 재능도 천재적인 능력을 이루는 한 요소이지만 아이가 흥미를 느끼지 못했다면 그 능력 또한 발견되지 못했으리라 생각한다. 아이가 스스로 원해서 얻는 성취감이 바탕이 된다. 이런 과정은 어린 자녀가 혼자 깨닫거나 발견하기 힘들다. 그렇기 때문에 때론 과정에 시련이 있겠지만, 스스로 잘 헤쳐나갈 수 있도록 꾸준한 부모의 관심이 필요하다. 첫 단추를 잘 잠그는 방법은 아이의 흥미에 맞춰 질문과 대화 그리고 감정에 주목하는 방법이다.

'하브루타'는 미래의 꿈을 그려나갈 수 있도록 도와주는 밑거름이 된다.

학원에서 '나의 꿈 그리기' 수업을 진행하면 아이들의 무궁무진한 꿈과 소망에 대한 이야기를 들을 수 있다. 아이들이 원하는 꿈 이야기를 경청한 뒤에 다양한 대화를 나누는 것이 최우선이다. 아이의 생각을 듣고 어떻게 그릴 것인지 연습장에 아이디어 스케치를 한다. 그 과정에서 아이는 나와 대화를 많이 나누게 된다. 왜냐하면 제자의 머릿속에 들어있는 꿈을 끄집어내서 나에게 말해주어야 하기 때문이다. 아이의 생각이 정리되면 나는 구도나 사람을 그리는 방법을 설명한다. 이런 과정을 거쳐야 한 장의 꿈 그림이 완성된다. 그림을 잘 그리는 아이라도 생각을 그림에 옮겨 그리는 작업은 쉽지 않다. 나는 제자 옆에서 부족한 부분을 도와주고 생각을 함께 공감해준다.

하브루타 감정 수업은 아이의 미래를 바꾼다. 아이와 습관처럼 나누는 대화와 질문은 아이가 가진 흥미나 잠재력을 끌어내기 때문이다. 끄집어낸 것들을 글로 써도 좋고 그림으로 그리거나 연주를 해도 좋다. 그리고 토론으로 자기 생각을 주장해도 좋다. 그래서 '하브루타'는 미래의 꿈을 그려나갈 수 있도록 도와주는 밑거름이 된다. 게다가 아이가 성장하며 느끼는 '감정'을 공감하고 감정 조절을 잘하도록 도와주면 안정감을 느껴 다양한 시련과 상황을 잘 이겨낸다. '하브루타 감정 수업'은 부모가 아이에게 줄 수 있는 최고의 선물이다.

엄마의 어린 시절 이루고 싶은 소망은 무엇이었나요?

아이에게 이루고 싶은 꿈을 질문해주세요.

(엄마와 아이가 이루고 싶은 꿈을 적어주세요.)

06 웃음과 대화가 끊이지 않는 가족이 된다

문제 해결을 위한 대화보다 공감 소통을 위한 대화가 먼저다

어린 시절 부모의 양육을 제대로 받지 못한 아이는 청소년이 되어서 범죄에 노출되기 쉽다. 가정과 학교의 울타리를 벗어나기 위해 가출을 하게 된다. 청소년 가출의 원인으로는 가정적인 요인이 가장 크다. 부모가 별거나 이혼, 의사소통이 원활하지 못한 경우, 부부관계가 좋지 않을 경우에 가출한다는 연구결과가 있다. 가출 청소년은 대체로 자존감이 낮으며, 자신감도 부족한 상태이다.

자신을 통제하는 감정 조절능력이 부족해 조금만 힘든 일이 발생해도 충동적으로 가출을 하게 된다. 게다가 대인관계가 원만하지 못하다.

대화의 단절이 가장 큰 문제이다. 학교나 다른 교육기관에 아이를 맡겼다고 모든 것이 해결되는 것은 아니다. 아이는 성장 과정에서 단지 학업능력으로 인정받거나 판단되는 비중이 높다. 학업성적이 뛰어나지 못할 경우, 아이에 잠재된 특별한 재능은 무시당한다. 아이는 교육기관에서 평가되는 공부라는 기준에서 벗어나 부모와의 일상적인 대화와 관심으로 잠재된 능력을 인정받고 깨달아야 한다.

자주 바뀌는 입시제도로 인해 부모와 학생은 불안하다. 그래서 선행학습 학원을 선택하게 된다. 초등학교 저학년 제자들만 봐도 한 명당 기본 세 군데 이상의 학원에 다닌다. 피아노, 태권도, 미술, 요리, 과학, 영어, 클레이, 방송 댄스, 바둑 등이 있다. 이외에도 더 다양하고 세분화된 학습을 하고 있다. 고학년 제자들은 주로 공부학원이 주를 이루고 있기 때문에, 인생에서 정말 필요한 책을 읽을 시간조차 부족하다. 현재 학생들이 배우는 학습은 가짓수가 많기만 해서 아이들에게 부담감과 피로감을 주고 있다.

'연세대 사회발전연구소'가 초등 4학년에서 고등 3학년까지 7천9백여 명을 대상으로 한 조사에서 어린이와 청소년의 주관적 행복지수는 82점으로, 조사대상인 OECD 22개 회원국 중 꼴찌였다. 주관적 행복지수는 어린이가 스스로 생각하는 행복 정도를 OECD 평균 100점과 비교해 점수를 낸 것이다. 행복지수가 가장 높은 나라는 스페인으로 118점, 오스트리아와 스위스가 113점으로 2위와 3위를 기록했다. 반면 캐나다와 체코는 각 88점, 85점으로 한국과 함께 80점대에 머물렀다. 심지어 우리나라 어린이와 청소년들은 5명당 1명꼴로 자살 충동을 경험한 것으로 나타났다. 연구소는 행복의 조건으로 성적과 경제적 수준보다는 화목한 가정을 꼽았고, 부모와의 관계가 좋으면 자살 충동도 줄어든다고 설명했다.

아이가 사춘기가 되어 부모와 대화를 많이 나누지 않은 것은 어릴 때부터 부모와 말하는 습관이 부족하기 때문이다. 부모는 아이가 학교생활과 친구들에 대해 많은 이야기를 해주길 바란다. 하지만 아이는 집에 오면 "다녀왔습니다." 인사를 하고 방으로 들어가버린다. 엄마는 "공부 열심히 했니?"라는 말로 운을 떼보지만, 이것은 아이와의 대화를 멀어지게 한다. 먼저 부모의 생각과 생활을 자녀에게 말해주는지 생각해보아야 한다. 그렇지 않다면, 아이가 먼저 대화의 손을 내밀기는 힘들다. 대화가 일상적이지 않은 부모의 모습을 보고 아이 또한 자신의 이야기를 선뜻 꺼내지 못한다. 반대로 자녀들은 용돈이 필요할 경우에만 서슴없이 대화를 시도할 것이다.

부모는 아이가 하는 말이나 질문에 지나친 책임감을 느낀다. 바로 문제를 해결해주고 싶기 때문이다. 아이가 "학원 다니기 싫어. 재미없어."

라고 말한다면 엄마는 "학원을 재미로 다니니? 자주 학원에 지각하고 그러니깐 제대로 못 배워서 재미가 없지."라는 대답을 할지도 모른다. 이런 대화가 계속된다면 아마 아이는 '엄마랑은 말이 안 통해.'라고 생각하고 결국 말문을 닫게 된다. 아이가 대화를 시도하려고 했다가 잔소리만 듣는 꼴이 되는 것이다.

인류학 전문가들은 남녀는 대화의 목적이 서로 다르다고 말한다. 남자는 대화를 하며 문제해결을 목적으로 생각하고 여자는 대화를 나누며 공감, 소통, 감정의 공유를 목적으로 말하기 때문이다. 남편에게 속상하고 억울한 일을 말했을 때 위로를 하거나 들어주는 것보다는 그 일을 해결하려고 한다. 결국 남편은 "뭐가 문제인지 알아야 해결을 하지."라고 할 수 있다. 남편은 논리적으로 해결하기 위해 말하는 것이다.

그래서 아내는 공감, 소통이 가능한 친구나 다른 사람들과 수다를 떨며 스트레스를 해소하게 된다. 내 아이와 엄마의 일상적인 대화가 남편과 아내의 관계와 비슷하다고 볼 수 있다. 그렇기 때문에 아이가 말할 때는 아이의 감정을 잘 살펴 사소한 것에도 관심을 가져야 한다. 사소한 것을 놓치다 보면 중요한 사춘기 시기까지 대화를 이어가기 어렵다. 만약 아이가 사춘기가 되어 문제 행동을 일으켰을 때, 후회하고 다시 간격을 좁히려면 피나는 노력이 필요하다.

자녀에게 대화를 통해 인생을 어떻게 살아가야 하는지 의견을 물어보자. 그래야지 아이의 진로나 원하는 꿈을 알 수 있다. 그러한 과정을 함께 공유하며 아이에게 든든한 응원군이 부모라는 것을 일깨워주자. 그러면 아이는 사랑받으며 자란 존재라고 느끼며 감사해한다. 이런 것을 모르는 사람이 어디 있겠느냐고 반론하는 사람이 있을 것이다. 그러나 생각하고 말하는 것은 누구나 한다. 단지 실천을 안 한다는 사실에 집중해야 한다.

나는 과거에 '빨리빨리'를 외치던 선생이었다. "시간 없으니깐 서두르자."를 자주 입에 달고 살았다. 아이는 힘들어하거나 시간에 쫓겨 부담을 느꼈을 것이다. 결과는 퇴원으로 이어졌고 나는 원인을 모르고 있었다. 그런데 하브루타를 실천한 후로는 아이들이 바뀌기 시작했다. 한 번도 안 쓰던 편지를 써오고, 나에게 애정을 표현하는 아이들이 많아졌다. '미술을 매일 하고 싶어요.'라는 말을 부쩍 많이 듣게 되었다. 하브루타의 기본은 답이 없는 끊임없는 질문, 대화, 토론, 비판적 사고이다. 게다가 밑바탕에 깔린 아이를 존중하는 생각, 감정 이해라는 의미를 포함한다. 수평적인 관계가 가능해야 하브루타를 실천할 수 있기 때문이다.

"시간이 얼마 남지 않았는데 오늘 완성하고 싶니? 아니면 다음 시간에 완성할까?"라는 질문만 던졌어도 과거의 실수를 범하지 않았을 것이다.

함께하는 모든 시간에 하브루타가 가능하다

사랑하는 내 아이에게 진정 필요한 것은 가정에서 나누는 하브루타이다. 가정에서 부모와 하브루타를 어떻게 해야 할까?

유대인들에게는 토라와 탈무드가 있다. 이것을 읽고 외우고 토론하여 그들만의 전통적인 문화와 역사를 이어가고 있다. 우리나라는 이런 유대인들의 전통 방식을 반드시 고수할 필요는 없다. 왜냐하면, 이미 다양한 책들이 우리의 곁에 너무나 친숙하게 자리 잡고 있기 때문이다. 그리고 부모는 아이와 어렸을 때부터 책으로 독서 하브루타를 실천할 수 있다.

경험과 체험을 통해 창의성과 개성을 갖는 것도 중요하다. 아이에게 관심을 가지고 매주 꾸준하게 나들이나 여행을 통해 대화하며 즐기는 시간을 가져야 한다. 가까운 동네 산책로나 공원에서 자연을 탐구하는 등 부모와의 단란한 시간을 갖는 것도 사소한 것 같지만 아주 중요하다. 여름이 되어서 주위에 피는 꽃에 대해서 아이가 관심을 보인다면, 어떤 꽃인지 알아보는 대화도 좋다. 지나가는 동네 강아지나 고양이를 보고 관심을 보이면 동물에 대한 대화와 질문을 나누면 되는 것이다.

잠자리에 들기 전에 아이에게 재미난 이야기를 들려주거나 책을 읽어주며 스킨십과 애정을 표현하는 방법은 최고의 양육법이다. 아이가 태어나서 가장 중요한 것은 부모와의 애착을 형성하는 것이기 때문이다.

온 가족이 식사시간에 두루 모여앉아 대화를 나누어보자. 조용히 식사하는 것에서 벗어나 하루 혹은 일주일에 대한 대화를 나누고 아이에게 있었던 일을 묻고 대화하며 소통해야 한다. 아이에게 부족한 점이나 인성과 관련된 교육은 바로 밥상머리인 식탁에서 이루어지기 때문이다.

부모는 이미 많은 경험과 지식을 가지고 있다. 하지만 아이에게 실천하지 못하고 있다. 바쁜 사회생활과 야근, 그리고 집안일이나 다양한 행사 활동으로 인해 실천이 힘든 것은 사실이다. 하지만 깨닫고 느꼈다면 미루는 것은 부끄러운 행동이다. 알고 있는 것을 바로 실천하려는 자세가 중요하다. 행복한 가족은 항상 아이와 대화하는 습관으로 만들어진다는 것을 기억하자.

매일매일 하브루타 : 돌발 퀴즈 19

하브루타는 공부라고 생각하나요? 습관이라고 생각하나요?
그 이유를 2~3줄로 적어보세요.

07 행복한 아이, 행복한 엄마가 된다

하브루타는 일상조차 행복하게 한다

하브루타를 일상에서 실천하는 방법은 다양하다. 잠자기 전 책을 읽어주기, 온 가족 식사시간에 대화 나누기, TV나 신문, 잡지를 보고 비판적 사고하기, 놀이하기, 가족 여행, 외식 및 쇼핑 등 언제 어디서나 가능하다. 어떤 주제를 가지고 끊임없이 대화를 나누는 것이 중요하다. 가족 구성원과 대화에서 정답이 없다고 생각하고 말하는 것이 곧 하브루타를 실천하는 방법이다.

문제 해결을 위한 일상 대화에서 엄마는 아이에게 혼내거나 잔소리를 하면 아이의 자기주도적인 변화를 끌어내기 어렵다. 아이가 스스로 판단해서 옳은 행동을 해야겠다고 이해하면 스스로 행동하고 싶어진다. 그런 상황을 엄마가 하브루타 일상 대화로 만들어주어야 한다.

"너는 방 정리도 안 하고 뭐가 그렇게 바쁘니?"라는 말로 아이의 변화를 얻기는 힘들다.

이렇게 운을 떼보는 것이 좋다.

"지금 네 방이 정리가 안 됐는데 어떻게 생각해?"
"정리하려고 했는데 시간이 없었어요."
"시간이 없었구나. 방 정리보다 더 중요한 일이 있었던 거니?"
"숙제도 해야 하고 집에 오면 정리보다 쉬고 싶어요."
"쉬고 싶어 하는 네 맘은 이해가 가는데, 방이 지저분하면 어떤 느낌이 드니?"
"방에 있고 싶지 않아요."
"네 방은 엄마가 사용하는 게 아니라 네가 사용하겠지? 그러면 누가 불편할까?"
"저요."
"엄마는 네가 불편하지 않게 방을 사용했으면 좋겠어. 그렇게 하려면 어떻게 해야 하는지 생각해볼래?"

아이와 질문, 대화를 나눌 때는 존중, 경청, 공감, 수평적인 관계를
유지하는 게 중요하다.

"정리하고 물건을 잘 사용하는 것이요."

"좋은 생각이야. 앞으로 네가 해야 할 것을 생각해보고 실천해볼까?"
라는 식의 대화가 좋다. 사실 이런 방법은 학원에서 제자들이 사용한 물
건을 정리하지 않을 때 나누는 대화와 비슷하다. 조금은 번거롭지만 부
드러운 말투로 대화를 시도하면 아이들은 스스로 느낀다. 그래서 곧 실
천으로 옮긴다.

그리고 하브루타를 할 때, 즉 아이와 질문, 대화를 나눌 때는 존중, 경
청, 공감, 수평적인 관계를 유지하는 게 중요하다. 이런 엄마의 자세와
태도가 아이와 대화의 물꼬를 트는 데 결정적인 역할을 한다.

천천히 지속해서 하브루타를 하자

하브루타를 할 때 우선은 '주제'를 정한다. 주제가 있어야 그 뒤에 이어
지는 질문과 대화에 방향을 잃지 않기 때문이다. 다음으로 엄마가 '질문'
을 하면 아이는 '자기의 생각'을 말할 것이다. 이때 아이에게 다시 '질문으
로 엄마에게 질문하는 것'을 알려주어야 한다. 공을 주고받듯이 질문과
생각 말하기가 계속 이어져야 한다. 마지막으로 결론이 나온 것에 대해
서로 합의를 하는지 알아보고 그것을 적용하고 실천해보면 된다. 결론이
안 나온다면 그대로도 좋다. 첫술에 배부를 수는 없다. 일상에서 반복되
는 질문, 대화를 습관화하는 것이 우선이기 때문이다.

초등학교에 다니는 아이라면 학교에서 토론하고 자신의 의견을 말하는 시간이 있다. 아이가 자신의 주장을 잘 내세우지 못한다면 가정에서 자주 연습을 해야 학교나 다른 곳에서 아이가 의견을 말하는 모습을 기대할 수 있다. 차근차근 천천히 단계를 밟아 나가는 것이 좋다. 하브루타를 하는 목적은 아이가 성장하면서 궁금증을 갖고 그것에 대해 깊게 탐구하고 자신의 의견을 상대방에게 논리적으로 이해시키는 것이다. 처음부터 자연스럽게 자신의 의견을 말하는 것은 불가능하다. 계속 엄마와의 하브루타를 통해 익숙하게 하는 것이 중요하다.

엄마와 아이가 함께하는 하브루타 미술

나는 미술을 통해 아이들과 하브루타 수업을 진행하고 있다. 우리나라의 교육환경의 조건상 대화를 많이 나누며 서로 계속해서 질문하는 교육에 한계가 있다. 다양한 활동이 접목되는 하브루타를 추천한다. 미술은 아이들의 상상력을 자극하여 창의적인 생각을 이끈다는 장점이 있다. 가정에서 아이와 간단한 미술 놀이로 아이의 생각에 창의적인 날개를 달아주는 방법이 좋다.

'보물 상자 안에는 무엇이 있을까?'라는 주제로 아이들의 호기심을 자극하는 수업을 했다. 보물 상자와 관련된 이야기를 짧게 만들거나 보물과 관련된 책을 읽고 독서 프로젝트 같은 활동을 해보자. 미술 수업은 아이들이 만들기와 그리기를 하면서 단순히 말과 글로만 학습하는 지루함에서 벗어날 수 있다는 장점이 있다.

"해적들이 드디어 발견한 보물 상자는 어떻게 생겼을까?"

"보물 상자를 열면 그 안에는 무엇이 있을까?"

"귀신이요.", "광선 검이요.", "돈이요." 등의 대답이 쏟아진다.

보물 상자를 그리며 도형에 대한 이해를 할 수 있고, 내용물을 상상하며 아이들의 창의력을 키워준다.

유대인 엄마는 아이가 잘하고 못하고는 중요하지 않다고 생각한다. 아이가 해야 할 과제를 엄마도 함께 생각하고 고민하면서 아이가 스스로 문제를 풀어가도록 격려한다. 우리는 보통 "숙제는 다 하고 게임을 하는 거니?", "도대체 아직도 숙제 안 하고 뭐 하고 있니?"라며 명령이나 지시적인 말투로 아이를 상대한다. 아이는 이런 말을 듣는다고 변하지 않는다. 단지 혼나거나 잔소리를 듣기 싫어 억지로 하는 시늉만 할 수 있다. 이런 사소한 잔소리가 아이의 스트레스의 원인이 될 수 있다.

아이가 가정에서 해야 할 규칙이나 약속을 좋아하게 만들려면 엄마의 상냥한 말 한마디가 중요하다. 부드러운 말투는 정말 효과적이다. 그림을 완성했으니 자기를 봐달라고 보채는 어린 제자에게 자주 사용하는 말이다. "지금 선생님이 이 오빠랑 대화하는 중이라서, 미안한데 조금만 기다려줄 수 있니?"라고 말하면 아이는 기다려준다. 여기저기에서 아이들이 도움을 요청할 때는 계속 이 말을 반복해서 아이들의 이해를 구한다. 그러면 아이들은 정말 기다려준다. 효과가 좋으니 꼭 상냥한 말투로 아이를 대해보길 바란다.

하브루타를 시도했는데 아이가 말하기를 너무 싫어하거나 어떻게 시작해야 할지 막막하다고 느낄 때가 있다. 어떻게 하면 아이가 하브루타를 하고 싶다고 느끼게 할까?

가장 먼저 해야 할 것은 아이와 많이 놀아주기다. 책을 달달 외우는 학습이 아닌, 체험하거나 애착을 확인할 수 있도록 아이와 최대한 많이 놀아준다.

하브루타를 하기 전에 아이의 감정을 잘 헤아려야 한다. "기분이 안 좋아 보이는데 엄마한테 무슨 일이 있었는지 말해줄 수 있니?" 속상한 마음을 털어놓았다면 문제 해결을 위해서 답을 내놓는 것보다 아이의 속상한 마음을 먼저 이해해주는 말이 필요하다.

하브루타를 하기 위해서 아이를 존중하는 마음을 가져야 한다. '내 배 아파 낳은 내 새끼'라는 생각으로 인해 아이를 자신의 소유물 또는 책임을 져야 하는 인격으로 생각해서는 안 된다. 그렇다면 아이를 귀한 손님 대하듯이 일일이 간섭하지 않으면서 존중하고 아이의 말에 경청한다. 아이가 하는 무엇이든지 수용하는 자세로 경청을 실천해야 한다.

하브루타를 하기 위해서 아이를 나와 수평적인 관계로 생각해야 한다. 명령, 지시, 무시, 비교, 비난, 경멸 등의 행동과 언행은 무조건 하지 말아야 한다. 하브루타를 하는 유대인들의 수업에서 선생이 미진하면 제자가 치고 들어와 자신의 의견과 생각을 서슴없이 이야기한다. 이러한 방법은 수평적인 교육을 진행하기 때문에 가능한 것이다.

하브루타로 자란 아이는 자존감, 자립심, 창의성이 발달한다. 부모의 역할은 아이를 잘 키우고 성인이 되어서 스스로 독립하여 살아갈 수 있는 인재를 만드는 것이다. 이런 아이가 성인이 된다면 언제 어디서나 무슨 일을 하든지 사회의 구성원으로서 빛을 발휘할 것이다. 내 아이가 행복한 삶을 살도록 이끌어준다면 행복한 엄마가 되어 웃을 수 있을 것이다.

매일매일 하브루타 : 돌발 퀴즈 20

당신은 어떤 엄마입니까?

'옳은 엄마인가? 좋은 엄마인가?'

'옳은 엄마는 이성적인 엄마, 좋은 엄마는 감성적인 엄마.'

아이가 어릴 때는 감성적인 엄마가 좋고 아이가 클수록 이성적인 엄마가 필요하지만, 유대인 속담에는 이런 말이 있다. '옳은 엄마가 되지 말고 좋은 엄마가 돼라. 아이의 성장 과정에서 감성이 중요하기 때문에 되도록 좋은 엄마가 돼라.'

10을 놓고 보면 좋은 엄마의 비율은 9, 옳은 엄마의 비율은 1이 좋다. 그 이유는 지나치게 이성적인 엄마가 되면 지적이 잦아지기 때문이다. 결과적으로 아이들이 상처를 많이 받는다. '엄마 말은 다 맞는데 정작 따르기 싫어.'라고 생각한다. 아이의 마음을 보듬어준 다음, 잘못을 얘기하는 것이 좋은 엄마의 감성적인 교육방법이다.

〈출처 : 탈무드랜드 김정완 소장〉

에필로그

감정 하브루타로 찾는 자존감, 자립심, 그리고 창의성!

유대인 교실은 학생들이 질문과 토론을 위해서 손을 들고 활발한 활동을 보여준다. 하지만 한국 교실은 너무 조용하다. 저학년은 대화하면서 공부하는 것을 좋아한다. 고학년으로 갈수록 말수가 줄어들고 주입식 교육이 시작된다. 중·고등학교에 갈수록 더 심해진다. EBS 〈왜 우리는 대학에 가는가〉에서 우리나라 대학교에서 강의가 끝난 후 교수가 질문을 유도한다. 하지만 질문을 하는 학생은 없다. 왜 질문을 안 했는지 학생들에게 물어보았다. 다 같이 질문을 안 하는 분위기에서 자기한테 시선이 집중되는 게 부담스럽게 느껴졌다고 한다. 다른 학생은 이렇게 말했다. "혹시 내가 질문을 해서 수업 흐름에 방해가 되지 않을까? 생각했다."고.

미국 조지워싱턴대학의 폴 쉬프 버만 로스쿨 교수가 수업 중 말하는 시간은 그리 길지 않다. 생각이 다르면 학생들은 망설임 없이 손을 들고 반박한다. 로스쿨 학생 중 한 명의 인터뷰에서 그녀는 자신이 무슨 말을 할지 항상 계획을 세우지는 않는다고 한다. 하지만 자신이 말하는 걸 스스로 듣고 이게 틀렸는지 맞았는지 판단을 내릴 수 있다고 한다. 그녀는 말하기는 이해를 돕고, 더 잘 기억하게 해준다고 말한다. 또 다른 학생에게 "발언할 때 교수님의 수업 진행을 방해한다는 생각을 해본 적 없나요?"라는 질문을 해보았다. 그는 배우고 싶어서 여기에 왔다며 만약 자기가 뭔가를 이해한다고 느끼지 못하면 반드시 질문해서 이해할 때까지 노력한다고 말한다.

4차 산업혁명을 대비하기 위해서는 기존의 교육방식으로는 안 된다. 선진국에도 이를 탈피하기 위한 좋은 교육제도가 있겠지만, 유대인 교육에 주목해야 한다. 평생 교육을 중요하게 여기고 역사를 통해서 평생 교육을 목표로 삼았던 유대인 교육이 시사하는 바가 크다.

아이들이 하브루타 감정 수업을 접하는 시기는 빠르면 빠를수록 좋다. 하브루타 감정 수업을 하는 이유는 감정을 다스릴 줄 아는 아이가 '자존감'도 높기 때문이다. 자존감 있는 아이로 키우기 위해서는 부모가 먼저 자존감 있게 행동해야 한다.

보통 엄마는 떼를 쓰는 아이에게 "자꾸 이러면 엄마한테 혼난다."라고 반응하기 마련이다. 반면 자존감 높은 엄마는 "네가 속상한 게 있구나. 엄마가 몰라줘서 미안해."라는 따뜻한 언어를 사용한다. 아이의 입장에서 생각하고 아이 감정을 존중한다. 이런 사소한 태도가 결국 아이의 가치관과 세상을 바라보는 견해를 형성한다.

하브루타 감정 수업으로 아이의 '자립심'이 생긴다. 아이의 감정을 들여다보고 아이 입장에서 감정 조절 능력을 키워주면 문제 상황에서 스스로 해결법을 찾는다. 가정에서 질문하면서 아이와 '라포_{상담이나 교육을 위한 전제로 신뢰와 친근감으로 이루어진 인간관계}'를 형성한다. 양육에서 중요한 애착 형성을 도와 아이가 무엇을 할 때 용기와 자신감을 느끼게 한다. 이런 자녀 교육법은 아이가 주체적으로 생각하고 행동하는 능력, 즉 자립심을 키워준다.

'창의성'은 미래사회에서 가장 중요하게 거론되는 능력이다. 정해진 답을 외우는 것이 아니라 누군가와 짝을 이뤄 끊임없이 질문하면 창의력도 쑥쑥 자란다. 궁금증을 가지면 아이들은 질문하기 마련이다. 사소한 질문으로 시작해서 궁금증을 가지고 계속 생각하고 탐구하도록 아이들의 뇌를 깨워줘야 한다. 이런 학습법은 유대인의 기발한 아이디어의 원천이기도 하다.

유대인은 독특한 교육법인 하브루타로 사고력이 많이 발달했다. 처음 보는 사람에게 사고력과 판단력을 자극하는 좋은 질문을 던지는 것으로 유명하다. 양동일, 김정완의 저서 『질문하고 대화하는 하브루다 독서법』에서 유대인과 비슷한 사고력과 판단력을 보여주는 예로 존 스튜어트 밀을 꼽는다.

공리주의로 잘 알려진 존 스튜어트 밀은 어려서부터 매일 전날 읽은 책의 내용을 아버지 제임스 밀과 함께 대화하는 시간을 가졌다. 공리주의는 다수결 원칙이 의사결정의 주요 수단이 되는 민주주의의 토대가 되었다. 그러나 아버지의 가르침은 지나치게 논리와 이상에 치우쳐 있었다. 결국 밀은 스무 살이 되었을 때 정서적 위기를 겪는다. 결국 논리만 강조되고 '감정'이 무시되는 교육에 맹점이 있다는 것을 깨닫게 된다. 밀은 양적인 행복과 함께 질적인 행복을 구분하며 "배부른 돼지보다 배고픈 소크라테스가 더 낫다."는 명언을 남겼다.

'하브루타'와 '감정 교육'이 함께 병행될 때 진정한 가치를 지닌다. 그 가치는 바로 자존감, 자립심, 창의성 등을 포함한다. '가정은 학교다.'라는 말이 있다. 부모는 아이의 첫 스승이며, 아이는 부모로부터 배워야 할 기본을 몸에 익히기 때문이다. 하브루타 감정 수업을 통해 사랑하는 내 아이를 최고의 인재로 성장시키는 행복한 엄마가 되길 바란다.